JN269725

RePUBLIC
公共空間のリノベーション

馬場正尊＋Open A

学芸出版社

この本の使い方

理論と実践とアイデア

この本は、理論と実践とアイデア、この三つから構成されている。

理論

理論の部分では、この本の問題意識を述べている。

社会的な背景のなかでこの本を制作しなければならないと考えた理由、そしてあるべき公共空間、そしてパブリックという概念の今後について考えている。

同時にロングインタビューを二つ収録した。アートキュレーターの森司とプロデューサーの清水義次。僕から見れば、彼らは公共空間をすでにリノベーションしている実践者であり、同時に行動の背景を語ることのできる理論家である。その言説には多くの示唆が含まれている。

実践

実践には2種類のページがある。

一つはさまざまな事例を見渡し、見事に公共空間をリノベーションしている事例。掲載した写真には魅力的な風景が写しだされているが、そこに到達するまでにはさまざまな試行錯誤、コンセンサスを獲得するための活動が存在する。図面や写真だけからは見えてこない、こうしたバックストーリーにも注目している。それらは新たな公共空間を発明するためのヒントである。

もう一つはOpen Aが手掛けてきた事例である。

僕はこれらのプロジェクトの実践を通し、公共空間をなんとかしなければという思いが強くなった。設計プロセスのなかでの気づき、立ちはだかった困難、ブレイクスルー、そして積み残した課題。問題意識の断片が、これらの実践のなかにある。見やすくするために、Open A worksというメモを付している。

メディアで紹介されるときはどうしてもサクセスストーリーの部分に光が当たり、苦難や失敗、ジレンマなど影の部分は見えにくい。しかし、現場でプロジェクトを進める立場になると、知りたいのは案外、その地味な部分だったりする。実践の部分ではこの視点を大切にした。

アイデア

目が覚めるようなビッグアイデアを提示しているわけではなく、どちらかと言うとすぐにでも実現できそうな、でもありそうでない空間のアイデアを描いてみた。制度的にクリアしなければならないことも残っているが、少しの工夫や手続きを経れば実現できそうだ。逆に、これができないことが、公共空間の現状を表しているとも言えるだろう。手書きのスケッチで表現し、ポイントを余白にメモした。

この本はどこから読んでもいいような構成になっている。ザッピング感覚で、自分の役に立ちそうな部分だけを抜き出し、参考にしてほしい。できるだけ多くのヒントや発想のスイッチを並べようとしたので、さらに深い情報が欲しい場合は、関連する言葉の検索から始めればいい。そう、この本は何かを始めるきっかけのようなものだ。

RePUBLIC
公共空間のリノベーション　目次

公共の意味を問い直すために

今、公共空間が本当に「公共」として機能しているだろうか、
そもそも公共とは何なのか、公共空間とは何処なのか、
この本を通し、それを問い直してみたいと考えた。

人々を取り囲む環境は、そこで働いたり、たたずんでいる集団のモードに大きな影響を与える。それは時に、プラスにもマイナスにも作用する。
公共空間は「公共」という概念を包み込むしっかりとした器になっているか。
それは個々人が心地よく、何らかの共同体に向かって自らを開いていける機会を与えているか。

空間を変えることによって、それに連動するようにマネジメントやルールが変わっていかないだろうか、と考えた。空間や環境の変化は、きっと人々の意識の変化を促すだろう。
公共空間の在り方を提示することで、新しい公共の概念を問い直したい。

日本の公共空間は開かれているか？

日本の公共空間の「公共」は、本来の意味で公に共有されたものになっているだろうか。公共空間を、私たちはパブリックスペースと呼んでいるが、英語の public／パブリックと、日本語の公共の意味には大きな隔たりがあると感じていた。

公共空間の在り方に違和感を感じた小さな出来事がある。それは子どもを連れて近所の小さな公園を訪れたときだった。ベンチはすでに浮浪者に占有され近づけなかった。砂場にはペットが糞をするからとネットが張ってあって遊べない。公の公園なのに、およそ開かれた空間ではなかった。おまけに「ボール遊び禁止」と看板も立っている。サッカーボールを抱えてやってきた僕ら親子は、いったいこの空間で何をやっていいのかわからず、途方に暮れるしかなかった。

僕らは公園で何をすればよかったのか。それは小さな違和感だったが、いったんその目線を持つと、公共空間のさまざまなことが気になり始める。

仕事でも同じようなことがあった。2009年、東京に演劇の名作を集めた「フェスティバル／トーキョー」というイベントに参画したときだ。池袋にある東京芸術劇場がメイン会場で、その前の広場に観客や役者たちが集う仮設カフェを設計してほしいという依頼を主催者から受けた。

1ヶ月の会期中だけオープンするカフェだ。

しかし実現にはさまざまな壁が立ちはだかり、公共空間が抱える問題を突きつけられることになった。公共空間を積極的に使おうとする行動が、逆にその不自由さを浮かび上がらせることになった。

印象的だったのが行政のスタンス。本来ならこの広場をいかにして開かれたカフェにできるかという相談をしたいところだが、管理者の行政担当は、あたかも自分の私有地のように使用制限を矢継ぎ早にぶつけてくる。そのスタンスは、広場がまるで行政の私有地かのようなものだった。広場の管理者である行政は、それを市民に開く義務があるはず。どうやって積極的に、健全にこの空間を使うかを一緒に考える立場でもある。しかし、いつの間にか使用制限をかけることが仕事であるかのごとく、すり替わってしまっている。公共の広場を管理することの意味がズレていることへの違和感は強くなっていった。

もちろん、行政現場の判断を責めるつもりはない。使用者が善意の人々だけとは限らないし、公平性を担保しなければならないというプレッシャーもあるだろう。しかし、硬直化した公共空間へのスタンスに、長年蓄積されたシステム疲労が象徴されているような気がした。

このような経験を通し、日本の公共空間と、それを支える公共概念について考え直したいと思うようになった。それを抽象的に問うのではなく、リノベーションを使って改善する方法を提示したい。まったく新しい公共空間をつくり直すのではなく、すでにある公共空間を少しだけリノベーションすることによって、その使い方、さらには概念までを自然に変えていきたい。小さな変化の集積が、結果的に公共という概念を問い直す流れにつながるのではないか。これがこの本の仮説だ。

「公共」と「public/パブリック」の違い

ここで言葉の定義について確認したい。「公共」を英語に訳すと「public／パブリック」。しかしその両者の間には大きな意味の隔たりがある。

イギリスのパブリックスクールが端的な例だ。アメリカのパブリックスクールは「公立」という意味だが、先にその概念が存在したイギリスではそうではない。かつてイギリスのパブリックスクールは、貴族階級が自分の子どもたちを学ばせる場を、資金を拠出しあってつくったことに始まる。自分たちの子息だけでは少人数になってしまうので、共同生活を通じて社会性を学ばせるために公に公開することにした。これがパブリックスクールの起源。要するに「私立」なのだ。

公に開かれた私立、ここに英語の「パブリック」という単語のコンセプトを感じることができる。このパブリックの概念は今の日本の公共の概念とはまるで違っている。

斉藤純一は、公共をofficial、common、openの三つの意味に分けている(『公共性』岩波書店)。その定義がわかりやすい。

まず「official」は、主に行政が行うべき活動、管理的な業務。先に示した池袋の広場での公共は、この立場からの目線だった。

「common」は、参加者が共有する利害が存在すること。たとえば、イギリスにおける共有庭のあり方はそれをよく示している。「コモン」と呼ばれる庭は、そこを取り囲む複数の住人たちが共有して持つ庭である。その空間の所有は個人でありながら、限られた公に開かれている。

そして「open」は、誰もがアクセスすることを拒まれない空間や情報のこと。IT領域でのオープンリソースやオープンネットワークに、その性質がよく現れている。

この概念を空間に援用すると、「オフィシャルスペース」「コモンスペース」「オープンスペース」となる。今、私たちはその三つを「パブリックスペース」とまとめて呼んでいる。しかしそれらは性質も管理者も違うものだ。

僕が先に感じた違和感は、「オープンスペース」が「オフィシャルスペース」のように扱われていたことが原因だったのがわかる。

私たちが「公共」と表現している概念は、これらが混在し曖昧になっている。それらの差異を意識し、使い分けることで求める公共空間が見えてくる。

公共は行政が管理下に置くべきものでもなく、「公」と「個」は明確に分かれ二元論で語られるべきでもない。その関係性の結び方によって、適度な秩序を持ったいきいきと使われる空間が生まれるはずだ。

実は「オフィシャル」と「オープン」の中間、「コモン」の概念にこれからの公共空間を解く鍵があることが見えてくる。私たちは今後、この時代にふさわしい多種多様な「コモンスペース」を発明しなければならないのではないか。もしくは失われてしまったその空間を取り戻さなくてはならないのではないか。

その空間は誰のものなのか、ではなく、誰のためにあるのか

都市空間は見えない線によって、細かく所有や管轄が決まっている。その存在感は強大で、それを巡って数センチ単位で紛争が起こったりもする。土地本位制が根強い日本において、その空間が誰のものなのかは圧倒的な強度で語られる。しかし逆に、その空間が誰のためにあるのか、という概念が極めて希薄になっているのが日本だ。この本を通じて問い続けているポイントは、そこだ。

たとえば公園。そこは都市公園法によってやってはいけないことだらけだ。管理者によってその使用制限がどんどん増えていく現象は前述の通り。そこには不公平な公平を維持する障害が横たわっている。

ここで発想を転換し、「この空間は誰のものなのか。誰が管理しているのか」という、今までの所有からの見方ではなく、「この空間は誰のためにあるのか」という視点から眺めてみる。そこから新しい発想や動きが始まるのではないだろうか。

私有と共有が曖昧な、冗長的な空間

近代の細分化プロセスのなかで、私有と共有の境界に線が引かれ、その境界がはっきりし過ぎたのではないか。確かに社会が複雑化し、利害が絡めば、その境界は厳格化しなければ混乱を招くことになる。しかし同時にこれは、コミュニケーションの冗長性を消していくことになった。

かつて曖昧な空間が存在した。庭先、店先、縁側…、これらの単語が示すように、私有の「先」っぽの空間は、街や道路、公共の空間に開かれていて、そこは誰のための空間なのかが曖昧だった。その空間が社会の冗長性を担保していたような気がする。ここから先は私有地だが、パブリックに開かれ、他者が入ってくることを許容する、時には歓迎するような空間。そのいい加減な空地が弾力的なコミュニケーションを生んでいた。幅があったその帯域は、今は線に集約され、やがて消えていってしまった。

かつて空き地でよく遊んでいた。「ドラえもん」でも、子どもたちの遊び場は空き地と決まっていて、そこにはなぜか大きな土管が置いてあって、それが自由の記号だった。おそらくその空き地は誰かが私有していたはずだが、そこは適当に放置され、僕らはそこで勝手に遊んでいた。そこは公共空間のような私有地だった。今そんな空き地は存在しないし、勝手に空き地に入り込んで遊んでいたら叱られるだろう。あらゆる空き地にはバリケードが巡らされ、「許可なき者の立入りを禁ず」と、ばしっと書かれている。

今考えるとこの空き地は、半私有・半公共の場で、社会の積極的なスキマだった。僕らにとって、そこは管理者が曖昧なアジールだった。それに代わる空間が、整備された公園ということになるのだろうが、そこは管理者である行政がボール遊びや芝生に立ち入ることをしばしば禁止している。一部からのクレームがあるから禁止事項が増え、身動きがとれない公園になっている。では今の子どもたちは何をすればいいのか? 滑り台の下で静かにモバゲーをするだけなのか?　僕らのようなサイレント・マジョリティは無視され、少数の大きな声がルールをつくるという矛盾にぶつかってしまう。曖昧な空間を生成することは確かに難しい。

土地本位制の崩壊と貨幣以外の交換価値

土地本位制度のもと、日本の土地、すなわち空間は貨幣に置き換えやすいものだった。その概念は強固だが、最近は少しその価値が揺らいでいるように思えることがある。とくに地方都市では人口が減り、土地も時間も余っているから、土地がいつしか貨幣価値を持たなくなっている。路線価などの値段はついているのだが、取引はまったくない。それはすでに貨幣価値を失っているのと同じことだ。

そのような土地を所有者はどうするのだろうか？ ただ放置するのか、公に開放するのか…。後者の方がまだ生産的だ。実際、ガラガラに空いてしまったデパートのフロアを公園のように開放するなど、もはや民間の管理する公共空間に近いものになっている風景を見たことがある。今後、私有地の公共化がさらに進んでいくだろう。この場合、その空間は誰のものなのだろうか。

しかし、変化の風を感じることが多くなった。震災などの大きな出来事もあり、日本人は穏やかに、優しくなっているような気がする。強かった所有、私有への欲求も今の若い世代は薄い。土地やモノを所有していることが自分の幸せとダイレクトには結びつかなくなっている。シェアの概念が意識され、彼らは貨幣以外の交換価値を積極的に楽しみ始めている。この感覚が公共空間に援用されるようになれば、変わっていくだろう。

時代は今、新しいデザインやアイデア、ルールやマネジメントによる空間を求めている。それはいかにしてつくることが可能なのか。ヒントや手掛かりを探すのがこの本の目的だ。

今が、変化の時

公共空間をドラスティックに変えるタイミングだと思う。人口減小と税収の落ち込みによって、行政は新しい投資をしにくい状況にあるからだ。その苦境は合理化や工夫を生み出す。ハコモノ行政が問題視され、ハードへの公共投資の壁は高くなった。新築が困難な場合はリノベーションを選択することになる。

役所は建設ラッシュから40年余りが経った。構造補強や老朽化による補修が必要な時期を一気に迎えている。地方都市でそれらを新築する体力があるのは限られた豊かな街だけで、人口減少も進んでいるので施設を拡大する必要性も薄い。だとするならば、ただ構造補強して壁の色を塗り直すだけではなく、現在の行政の在り方に適した空間へと再編する機会でもある。役所だけではなく、図書館、学校なども同じような状況にある。廃校のリノベーションや図書館の運営の見直しは一部ですでに行われ始めた。

同時に、公共空間の使い方や運営の幅を広げる規制緩和が進んでいる。この本のなかに出てくる「アーツ千代田3331」や「武雄市図書館」などはその代表だろう。行政は自らが施設を運営することが重荷になり、それを外部化することの有効性に気づいている。それはうまくいけば、経費の削減と空間の活性化の両方を促すことになるからだ。

しかし、公共財の運営を民間事業者に委ねていいのか? 公平性とは何か? という問いと常に向きあい続けなければならない。そこに行政の立場の難しさがある。これらの問いは、使う側の幸せを優先して考えるならば、おのずと答えは導けるはずだ。

この本で僕は、一貫して公共空間の改革開放路線を提案している。空間は管理する側の論理ではなく、使う側の論理でつくられなければならないと思っているからだ。そのためには、空間の主体を管理者から使用者へと移行しなければならない。

社会学者のアンリ・ルフェーブルはその著書『空間の生産』(青木書店)のなかで、管理する側の論理でつくられた空間のことを「抽象空間」と呼び、それが利用者の自由やいきいきとした空間の使われ方を阻害していると批判した。逆に利用する側の論理によってつくられた空間を「生きられた空間」と呼んだ。そこでは利用者ならではの知恵や工夫が積み重ねられ、変化しながら最適化し、空間が活力を保ちながら維持されていることが多いからだ。

この本は「使う側の論理」で空間の在り方を再認識した事例やアイデアを数多く紹介した。ささやかなものが多いが、その個別解の集積が状況を変えていく。

RePUBLIC

リ・パブリック。日本語に訳すと「共和国」。違う意味の単語になっていることに気がつく。その語源は「公共のもの」を意味するラテン語「res publica」。共和国とは国家自体を国民が共有する、というコンセプトでつくられた体制だった。それと対になっているのが、君主が存在する王国、君主国。

もちろん、すべての共和国が現在、そうなっているわけではないし、共和国という名の独裁国家もある。それは建国当初のコンセプトが何かの拍子にズレてしまった結果だ。

国家が公共財という考え方、それは当たり前だが、果たしてその感覚を私たちはグリップできているだろうか。その感覚こそが、公共空間を自分たちのものだと実感できることにつながっているのではないか。

公共／public について空間を通して問い直す、この本をつくることをそのきっかけとしたい。

馬場正尊

公園を
リノベーション

公園は誰のものなのだろうか？

公園は今、本来の目的のために使われているだろうか。
子どもたちを自由に、安全に遊ばせることができるだろうか。
あなたは最近、公園をうまく利用したことがあるだろうか。
人々の声が消えた公園は、「公共/public」の概念が硬直している状況を象徴している。
公園の在り方について再認識することは、新しい公共について考え直すきっかけになる。

公園の使い方を考え直すことは、公共について問い直すことにつながっている。

児童公園で子どもを安心して遊ばせられますか?

子どもを遊ばせるために近所の児童公園に行くと、そのベンチはホームレスに占拠され、隣の水飲み場では体を洗っている。僕ら家族は居場所がなく、占有者になんとなく気を遣いながら落ち着かない休日を過ごす。そんな場所に平日、子どもだけで遊びに行かせることは躊躇する。

これが都会の小さな児童公園の現実だ。その風景には日本の経済状態や雇用、社会福祉など複合的な問題が潜んでいることはわかっている。しかし、児童公園から子どもたちの自由や安全が失われていくプロセスは、今の日本の公共空間の状況を象徴している。

規則でがんじがらめ、不自由な公園

2002年から9年間、毎年秋に東京の東神田や日本橋馬喰町を中心にしたエリアの空きビルや空地を使ってアートイベントを行っていた。僕の事務所がこのエリアにあって、そのまちづくりのイベントを僕らは企画していた。

ある年、近くの公園でパフォーマンスをやろうとしたアーティストがいた。できれば時限的なカフェをやりたかった。管轄する行政に打診したところ、公園の一時的な占有や営業行為は許可されなかった。公園の使用にはさまざまな手続きの壁が立ちはだかっている。結局、近くの私有地を借りて行うことになったのだが、このパフォーマンスはパブリックな公園で行われることに意味があった。

ホームレスの事実上の占有は黙認で、納税をしている市民のアート・パフォーマンスは禁止。ここは誰のために存在し、誰が何のために管理しているのだろうか？

硬直化したシステムと歪んだ公共性の概念が、公園の本来の使われ方を阻害している。公園は今、矛盾を孕んだまま存在し、それがこの国の不自由な公共性を象徴している。

行政が公園を管理できない時代がやってくる

一方で今、公園が変わるチャンスが訪れている。

税収の落ち込みによって、行政は支出のリストラを余儀なくされている。公園管理にも無駄な投資ができなくなる。そうなれば公園の管理を民間に手渡すことになる。もっと踏み込めば、行政は使用権と引き換えに公園管理を任せることもできるはず。たとえば、公園の片隅に小さな花屋やカフェを設置し、彼らが公園を美しく管理してくれれば、そこを使う市民にとってもメリットは大きい。もちろん公平性などの検証は必要だが、子どもを安心して遊ばせることができない児童公園にしておくよりもましなはずだ。

行政ではなく民間導入による新しい公園システム、それは指定管理者制度の改訂版かもしれないし、受益者負担になるかもしれない。いずれにしても、それを再構築する機会が到来している。

公園について考え直すことは、この国のパブリックの在り方について考え直すことにつながっている。

公園に近いと、税金が高い仕組みとは?

セントラルパーク(ニューヨーク)

マンハッタンのど真ん中が
4km × 0.8kmの
パブリックスペース

受益者負担という公平性。

マンハッタンのど真ん中、南北4km、東西0.8kmの巨大な公園、セントラルパーク。この公園はニューヨークのシンボルであり、市民から愛されている。この建設費は、「セントラルパーク債」の発行と、受益者負担制度によって整備された。公園の利益を享受する人々からの投資でつくられる、という構図になっている。
アメリカらしい公平性である。

セントラルパークにおける受益者負担の構造。

制度の工夫で生まれる公園の可能性。

受益者負担とは、その利益を受ける受益者が、その施設やサービスの整備費用を負担すること。市場経済の原則の一つ。

セントラルパークの建設費はその考え方を導入して確保された。ニューヨーク市はセントラルパーク建設の財源として「セントラルパーク債」の発行を行った。また同時に受益者負担の制度を導入し、公園建設にともなう受益地の設定を行い、土地取得経費500万ドルの32%を右図に示す受益地に課した。

結果的に受益負担が可能な富裕層が集まり、当時ニューヨークで最も豪華な建築が林立するエリアとなった。さらに公園隣接地の資産価値は増大し、市はこれに伴う税収の増大によって初期の公園投資を回収し、さらに公園整備に投資することが可能となった。

こうした法的措置に基づく財源確保の手法は、結果的にセントラルパーク付近の環境の質が保たれることへつながっている。都市の空地をいい状態で保ちながら共有するための知恵である。その後、ブルックリン、デンバーなど多くの都市の公園緑地を創設していく上で、この受益者負担の制度は援用された。

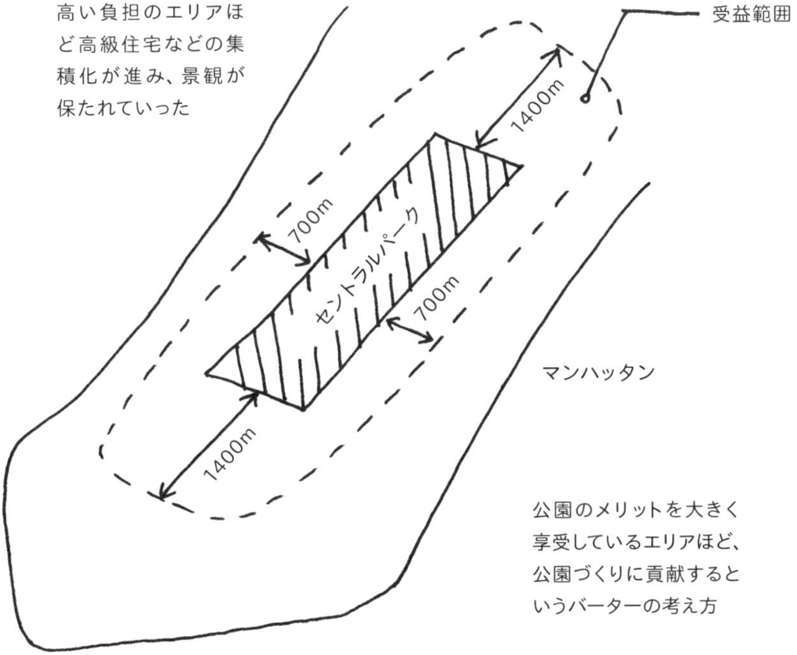
高い負担のエリアほど高級住宅などの集積化が進み、景観が保たれていった
受益範囲
1400m
700m
セントラルパーク
700m
マンハッタン
1400m
公園のメリットを大きく享受しているエリアほど、公園づくりに貢献するというバーターの考え方

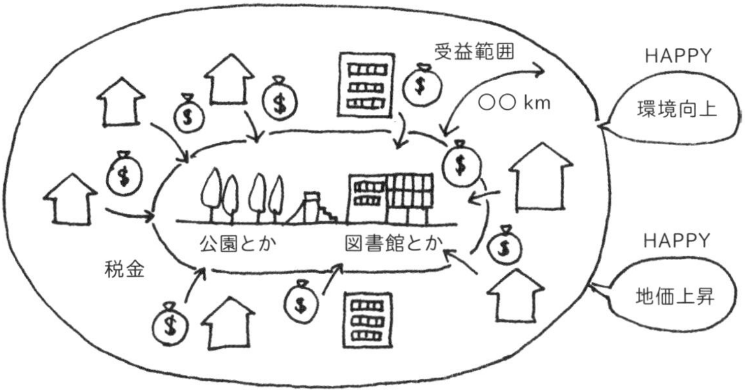
受益範囲
HAPPY
○○ km
環境向上
公園とか
図書館とか
HAPPY
税金
地価上昇

日本銀行
日本銀行

企業の投資で
公園を再生する方法があった。

宮下公園（東京都渋谷区）

市民も企業も行政もハッピーな仕組みをどうつくったか。

東京・渋谷の宮下公園は80年代後半からホームレスが増え、一般市民が近づきにくい場所になっていた。この状況を、行政と企業の新たな関係構築によって再生したモデルケースだ。

最初は、2006年教育委員会スポーツ振興課の管轄で、宮下公園に運動施設をつくるという仕組みで2面のフットサル場が整備された。公の敷地や施設の場合は、特定の企業が継続的にコミットすることの公平性について説明責任を求められ、それがポイントとなる。宮下公園の場合はここに最初の工夫があった。

その後、ここは会社や学校の帰り道、都市のど真ん中でサッカーをする機会を生み出し、高い利用率を維持したのは周知の通り。新しい都市のライフスタイルを提案することになった。

次のステップとして行われたのが、ネーミング・ライツ（命名権）の採用。コンペを経て2010年、10年間のネーミング・ライツを取得し、その企業が公園の環境整備に対して支援を行うことになった。その結果、公園内にはフットサル場だけではなく、クライミングウォールやスケードボードのバンク、バリアフリーのエレベーターなど、多様な施設が整備されている。

上記のプロセスには、ホームレスの移動などに時間と対応を要している。行政が管轄する公園だからこそ、新しい利用の枠組みをつくることに対し、コンセンサスを得ることの難しさを物語っている。しかし、公園を本来のパブリックに還元するために必要なことだと思う。

公園活用の突破口は三つ、社会実験、一時占用許可、指定管理者制度。

3枚のカードを上手に使おう。

あまり有効に使われていない公園で何かを企てようとする時、どんな方法があるのか。かつては困難だったが、近年、都市公園法が緩和され始め、現在は実験段階にある。

たとえば、撮影などの一時的占用は他の使用者に迷惑にならない程度で許可されるようになった。一定の基準を設け有料で使用許可を出している公園もある。

また、活用の有効性を実際に試してみて検証する「社会実験」が行われるようになっている。社会的な貢献度が高い新たな試みは、この枠組みのなかで試行することが可能だ。

また町会や商店街組合など地域に密着した組織が域内の公園を使う場合は使用許可が出やすく、その組織の責任においてイベントなどで使用できる。お祭りなどは、まさにこの枠組みで行われている。

地域と一体となり、そのコンセンサスのなかで活動を始める方法もあり、小さなコミュニティのなかではそれが基本かもしれない。新しい試みを始める場合、地域の組織から行政に対して要望書を提出することで、それが検討の俎上に載ることになる。

公園で何かしたい時に役立つ三つのキーワードカード

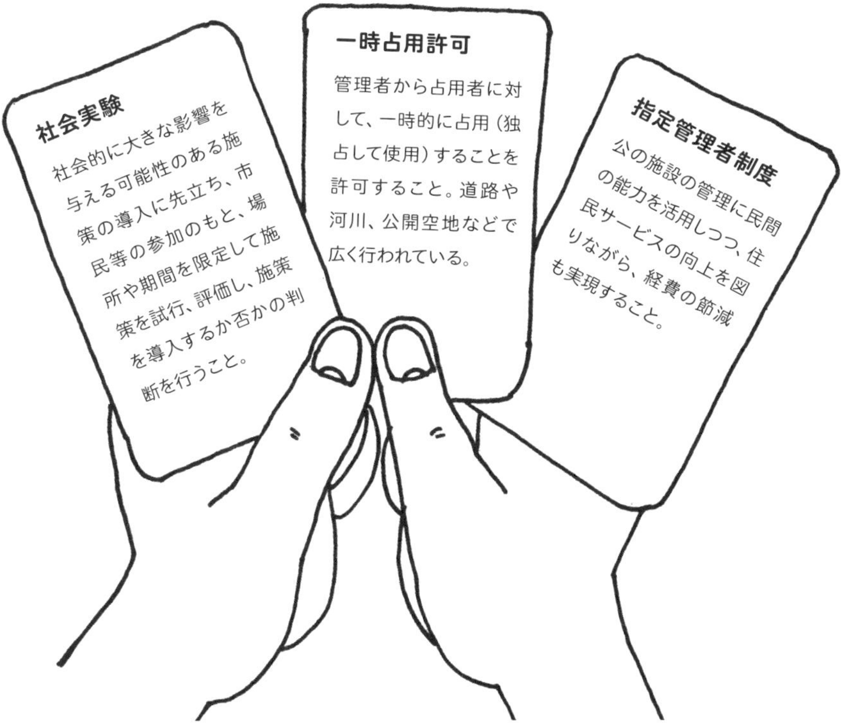

社会実験
社会的に大きな影響を与える可能性のある施策の導入に先立ち、市民等の参加のもと、場所や期間を限定して施策を試行、評価し、施策を導入するか否かの判断を行うこと。
一時占用許可
管理者から占用者に対して、一時的に占用（独占して使用）することを許可すること。道路や河川、公開空地などで広く行われている。
指定管理者制度
公の施設の管理に民間の能力を活用しつつ、住民サービスの向上を図りながら、経費の節減も実現すること。

都市公園法の緩和規定のポイント

2004年、「公園管理者以外の者の公園施設の設置等」の規定が緩和され、より広く多様な主体に対して公園施設の設置または管理を許可することができるようになった。許可を受けられる主体は、私人、民間事業者、地方公共団体、公益法人、NPO法人、中間法人等を対象としている。これにより、レストランを管理する民間事業者が芝生広場や花壇も一体的に管理し、週末等にはオープンカフェとして利用することが可能となる。

あなたが、公園で小さな店を開くためのヒント！

公園の自動販売機とカフェはどう違う？

たとえば、公園のなかに自動販売機があったとする。同じモノを売るという意味では営業行為で、キオスクや小さなカフェとどう違うのだろうか。

公園内の自動販売機は管理を担う民間事業者が設置している。自動販売機は公園の施設の一つとして設置されているというわけだ。

この構造をそのまま当てはめれば、公園施設の管理者としてたとえばカフェを設置することができるのではないだろうか。そのカフェは清掃・管理などの業務を行う傍ら、遊びに来た子どもたちや家族に対しサービスを提供する。そこで上がる収益の一部を公園の環境整備に還元することをルール化するなども考えられる。契約期間の問題などもあるので、ハード的には簡易に撤去可能な構造が求められる。

行政には経費の削減、カフェにはいい環境、そして地域住民にとっては安全で居やすい公園。三者がメリットになる構造だ。

ちなみに、公園管理には二つのカテゴリーがある。一つは、公園の管理・運営を行う「指定管理者制度」を用いる場合。もう一つは、公園内の施設を設置・管理する「公園施設設置許可」によるものだ。現段階では、この二つの制度の枠組みをうまく利用すれば、あなたも公園で小さな店を開くことができるかもしれない。

公園で小さな店を開くための二つのキーワードカード

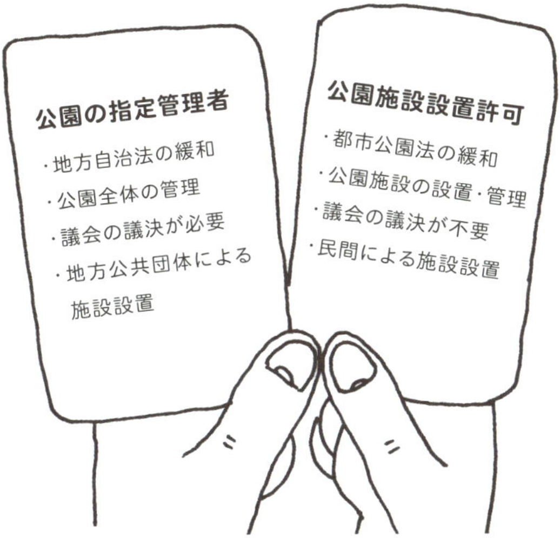
公園の指定管理者
・地方自治法の緩和
・公園全体の管理
・議会の議決が必要
・地方公共団体による
施設設置
公園施設設置許可
・都市公園法の緩和
・公園施設の設置・管理
・議会の議決が不要
・民間による施設設置

すでにある風景の解説

上野公園のスタバの場合

公園の管理：指定管理者
オープンカフェの設置：東京都
オープンカフェの運営：スターバックス（指定管理者による公募決定）
施設使用料を都へ支払う

渋谷区の公園の自動販売機の場合

公園の管理：渋谷区
自動販売機の設置：民間事業者
自動販売機の管理：民間事業者
土地使用料と売上の一部を区へ支払う

公園で上がった利益を、公園に還元する仕組みをつくろう。

人口も減り、街の小さな公園は
さびしくなった。
防犯、衛生上の問題もあり、
行政の管理負担も大きい。
だとしたら……

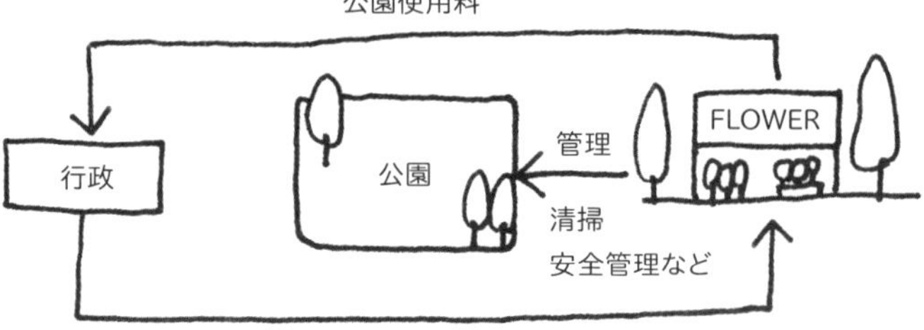

公園の清掃は
カフェの運営者の役割に!
ワイワイ
ワイワイ
小さなカフェでは
お母さんはお茶しながら
子どもが遊んでいるのを
見守る

関わるみんなが幸せな構造をつくるには。

現在、公園では営業行為が禁止されている。しかし公園内の清掃や管理を義務づけることで、キオスクのように小さな飲食や物販営業を許可してみる。
使用料や上がった収益の一部は公園の維持に還元される。そんなシステムが整えられるなら、公園をよりポジティブに使えるのではないだろうか。
児童公園の中に小さな花屋があって、その花屋が公園も管理している、というような状況が起これば、公園も安全で美しくなる。訪れた人たちもハッピー。
空気の沈滞した児童公園が、それだけで復活する。

公開空地を
都市のリビングルームへ。

コレド日本橋（東京都）

Open A works

デッキ、家具、WiFi…少しの工夫で、
通路は豊かな空間に生まれ変わる。

コレド日本橋の裏庭は、最初ただの通過動線だった。2005年、広告会社から依頼され、Open A設計で人が集える空間へリノベーションした。行った作業はシンプルで、ウッドデッキをステップ状に覆い、所々にベンチやテーブル、椅子を配置した。グレーな街に色を挿すようにビビッドな色の家具を置くことで、「ここは、使っていい空間です」というメッセージを伝えようとした。

その他にも植物の傍らに腰掛けられる段差をつくったり、テーブルに照明を仕込んだりと細かな工夫を加えている。無線LANを敷設してPCを広げれば誰でも通信が可能になった。

今では、テーブルに書類を広げて、明るい陽の下で会話する風景を見かける。ベンチではお弁当を食べたりする姿もあり、その混在の仕方が都市のなかの公開空地の魅力を物語っている。

公開空地が有効に使われていないのは、そこを使っていいという記号がなかったからではないだろうか。アート作品がポツンと置いてあるだけでは、そこを使ってみようという気持ちをアフォードしない。

隣のビルで働くワーカーたちにとって、そこは拡張された屋外のオフィスでもあり、通りすがりの人にとってはビルの隙間の公園。相互に付加価値になれば、その公共空間は成立することになる。

公開空地が
上手に公開されない理由。

公開された私有地という中間領域をどう使う?

公開空地とは、建築基準法の総合設計制度で、開発プロジェクトの対象敷地に設けられた空地のうち、一般に開放された空間。有効容積に応じて、容積率割増や高さ制限の緩和が受けられる。高層ビルが乱立し、都市が過密化するのを緩和するためにつくられた。営利目的である施設等は長期間にわたって常設占用はできないが、イベントなどの一時的な利用は可能とされる。

公開空地とは私有地と公共空間の中間に位置する微妙な空地だ。パブリックとプライベートの中間領域であり、都市を活性化する有効な手段となる可能性を持っている。

しかし現状、その空地が本来の意味で公開され、いきいきと活用されている例はまだ少ない。最近は、喫煙スペースや時折イベントなどで使われている風景を目にするが、周辺は多くの人口を抱える場所であるにもかかわらず、その魅力を引出してはいない。

使用を前提としたハード的な整備や運用のルールが整備されていなければ、その空間を使いこなすのは難しいのだろう。あくまで私有地なので管理責任はビル所有者にありながら、営利目的の使用は制限されるという矛盾があった。だから今までは、「容積率を割り増ししてもらうために、仕方なく空地をつくる」という態度になることが多かった。

しかし近年、公開空地をより楽しく、したたかに使いこなす事例が増えてきた。プログラムに合わせてあらかじめ使いやすいようにインフラを整備しておくことで、そこは人通りの多い絶好のプロモーション空間にもなる。

私有地でありながら公開しなければならないという両義的な広場は、パブリックという概念を問うのに象徴的な場であるかもしれない。

公開空地とはどんなところ?

建物所有者は管理経費
が負担になっている

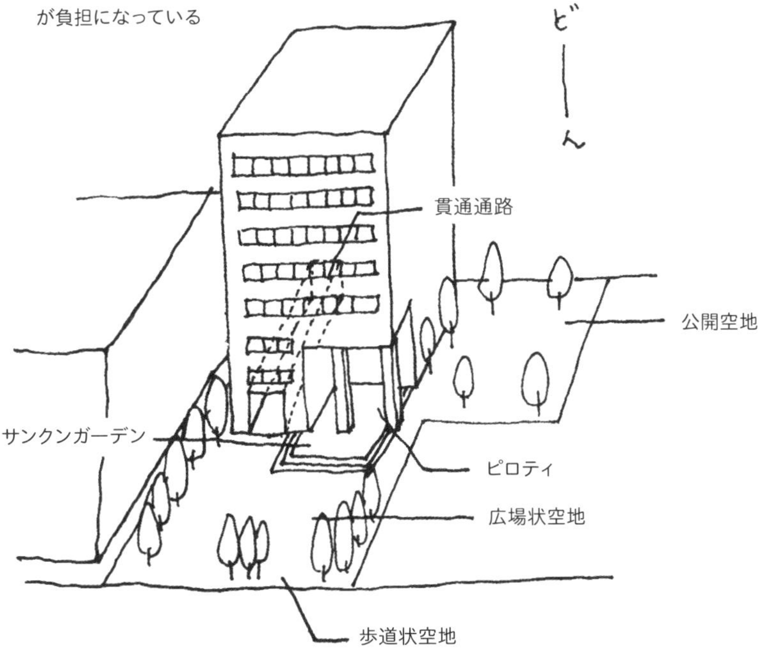

私有地なのにパブリックに公開、
二つの側面のある空間

しっかり稼ぐ公開空地もある。

適度な収益が場を活性化させることもある。

公開空地は民間の敷地なので、管轄の地方自治体によっては収益事業を行うことも可能である。

実際、それを利用してしっかり稼いでいる公開空地も存在する。六本木ヒルズのヒルズアリーナや恵比寿ガーデンプレイスなどがその代表的な例だ。

東京都では、公開空地を収益事業に活用する場合は、まちづくりを行う法人格を有する団体が「まちづくり団体」として都市整備局に登録することが必要とされている。

登録することで可能になること

①有料のイベントやオープンカフェ、物品販売（条件あり）

②申請の手続きを一部省略

エリアや行政の考え方によって多少の違いはあるが、公開空地を活用しやすいように制度運用も弾力的になる傾向があるようだ。

東京ミッドタウンの芝生広場での屋外イベント

東京都のしゃれた街並みづくり推進条例のまちづくり団体登録制度を活用！！

まちづくり団体に登録すると…

① 公開空地の使用料がとれる。
② 有料の公益的イベントが180日／年できる。
③ 申請などの手続きが一部不要に。

まちづくり団体
- 街並み景観づくり活動
- 公開空地等を活用した賑わい創出活動

⇧

登録するためには…

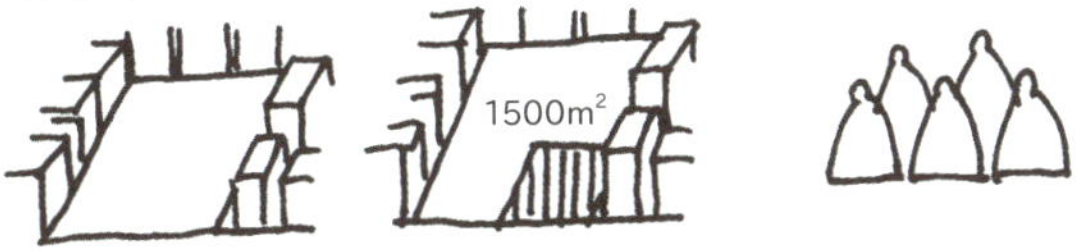

①計画区域面積が1ha以上　②公開空地が$1500m^2$以上　③ NPO法人、社団法人、株式会社など法人格

六本木アークヒルズのアーク・カラヤン広場でのマルシェ

夜は別の顔を持つ公園。

眠っていた夜の公園を呼び覚ます。

都市の公園は夜になると街灯も少なく、入りづらくなる。それが防犯上問題になることもある。夜の公園は都市のなかでうまく機能していない。
だとするならば、夜の公園に別の機能を持たせてはどうだろうか。たとえばナイトシアター。暗さを利用して映画「ニュー・シネマ・パラダイス」のように屋外

の映画館をつくってみる。近くに住む人々がふらりと訪れ、みんなで一緒に映画を見る。
夏は小さなビアガーデンをオープンする。近所の住人たちと一緒にバーベキューをしながら暑い夏においしいビールを飲む。結果的に、それが失われかけている地域コミュニティをつなぐきっかけになるかもしれない。

劇場と街をむすぶ広場のデザイン。

道頓堀角座(大阪市)

Open A works

ガラス張りの劇場、縁日のような広場。

かつて道頓堀には、角座、浪花座、中座、朝日座、弁天座という五つの芝居小屋があり、「五座」と呼ばれ、上方芸能の中核をなしていた。街に役者たちが闊歩した道頓堀も、劇場の求心力の低下とともに、最近では当時の勢いを失っていた。

2013年夏にオープンしたこのプロジェクトは、かつての角座があった空地に、29年ぶりに劇場を復活させ、道頓堀の芸能文化再生のきっかけにしようというもの。Open A設計で、120席の劇場と、その前に広場を配置した。コンセプトは、とにかく街に開くこと。

劇場の中はガラス張りで外から丸見えで、劇場の活気や気配が街に滲み出

るような構造とした。芸人たちがリハーサルをしたり、スタッフが舞台を建て込む様子が垣間みえる。舞台が跳ねた後は、その余韻が観客とともに外に漏れ出る。通りを歩く人々にいきいきとした舞台の息づかいを感じられるような工夫をしている。

広場は、道頓堀と角座をつなぐ空間で、劇場から見れば広場はオープンエアのホワイエでもある。キッチンカーや屋台、ドームテントなどが乱雑に軒を並べる雑踏のホワイエ。芝居を待つ間はそこで楽しく飲んだり食べたりできる。ただの通行人もそれに混ざっている。芸人が屋台で店員をやっていたり、その場で即興のコントを始めて居合わせた客を笑わせたり…。

楽しむ側も、楽しませる側もごっちゃになった、さまざまなハプニングが起こる笑いの広場にしたい。1年中やっている縁日のような場に。

公園を地域住民の庭に。

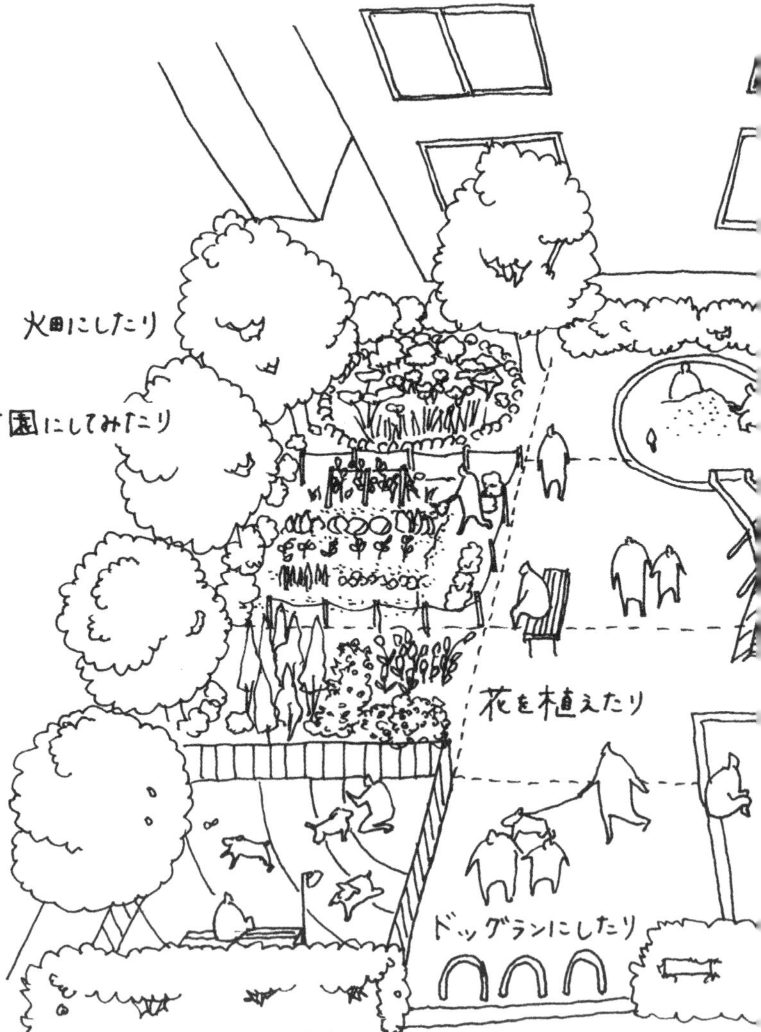

畑にしたり
果樹園にしてみたり
花を植えたり
ドッグランにしたり

エリアを区切って地域住民が共同管理する公園。

公園を小さな区画に分割し、近くの住民のサテライトの庭のように管理意識を持ってもらう。たとえば、家庭菜園のような畑にしたり、花壇にしたり、ドッグランにしてみたり。
地域住民と公園との間に新しい関係をつくることで、その場所が自分たちのためにあることを意識することができる。通う具体的な動機ができれば、公園は再び街の人々が自然と集まる場に戻っていく。

公園は都市における オフィスでもある。

ブライアントパーク(ニューヨーク)

それぞれの人々が
それぞれの活動

仕事をしていたり

公園を思い思いに使う自由。

ニューヨーク市立図書館の隣にあるブライアントパーク。
高層ビルに囲まれた何気ない公園だが、ここは憩いの場であると同時に、オフィスワーカーにとっては屋外の仕事場としても認知されている。
この公園がそう捉えられるようになったのは、NYCwireless（ニューヨーク・シティ・ワイヤレス）が無料で使えるワイヤレスLANをいち早く導入し、周辺のオフィスワーカーが気分転換のための仕事場やミーティングに積極的にこの公園を使い始めたからだ。
公園の中にはパブがあり、テーブルが配置されている。コーヒー片手に太陽の光を浴び、緑の芝生を眺めながらのオフィスワークは、ニューヨーカーのひとつのスタイルになった。

ランチをしていたり

公園とオフィスは似ている。

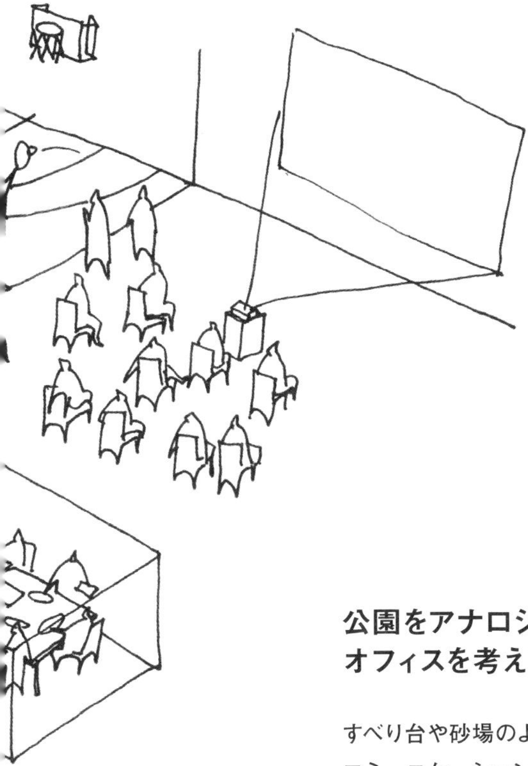

公園をアナロジーにして
オフィスを考えてみる。

すべり台や砂場のような遊びのきっかけは、発想やコミュニケーションのためのオブジェだ。ベンチやパーゴラは人々が集まりミーティングをする場の設定だ。じっとしているのではなく、時々体を動かしながら思考することが、新しい発想を生む。
公園とオフィス。今までもっとも遠いところにあったこの二つ、空間としての親和性は意外と高いのではないだろうか。

商店街の空き地を、市民が集える原っぱへ。

わいわい!!コンテナ（佐賀市）

コンテナを置くことが、街の変化の合図だった。

「わいわい!!コンテナ」は、佐賀市の中心市街地の空き地に、街の活性化を目的に設置されたものだ。ワークヴィジョンズと佐賀市によって2011年から仕掛けられた社会実験。

空き地にコンテナを置くこと。このとてもシンプルに見える作業は、建築基準法をクリアすることから始まる。これが結構面倒だ。コンテナは建築物ではないが、長期間同じ場所に設置し、中に人が入ることを前提にする場合は建築確認申請を通さなければならない。そのためポンと置くだけではダメで、基礎をつくりボルトで固定する必要がある。

街にコンテナが突然出現した効果は大きかった。

コンテナの中には、小さな雑誌や絵本の図書館、積み木がいっぱいの遊び場、そしてチャレンジショップ（空き店舗を店舗開業希望者に期間限定で格安に賃貸）が入っている。芝生を有志の市民で敷きつめたことによって、ここはみんなの場所になった。何の手掛かりもなかった空き地に、コンテナというアイコンがやってきたことで、ここではいつも何かが起こっていて、なんとなく市民が集まってもいい場所に育っていった。

地方都市は中心市街地の空洞化が止まらない。駐車場という名の空き地が増え、風景やコミュニティが壊れている。佐賀のプロジェクトで提案しているのは、どうせ疎らになってしまったならば、そこを原っぱと捉え直し、再び子どもたちが自由に走り回れる場にすること。そのなかに点々と店や家が点在し、緑と建物が混在する新しい街並みをつくることだ。

コンテナはそのスタートのアイコンだった。

児童公園と保育所を合体させる。

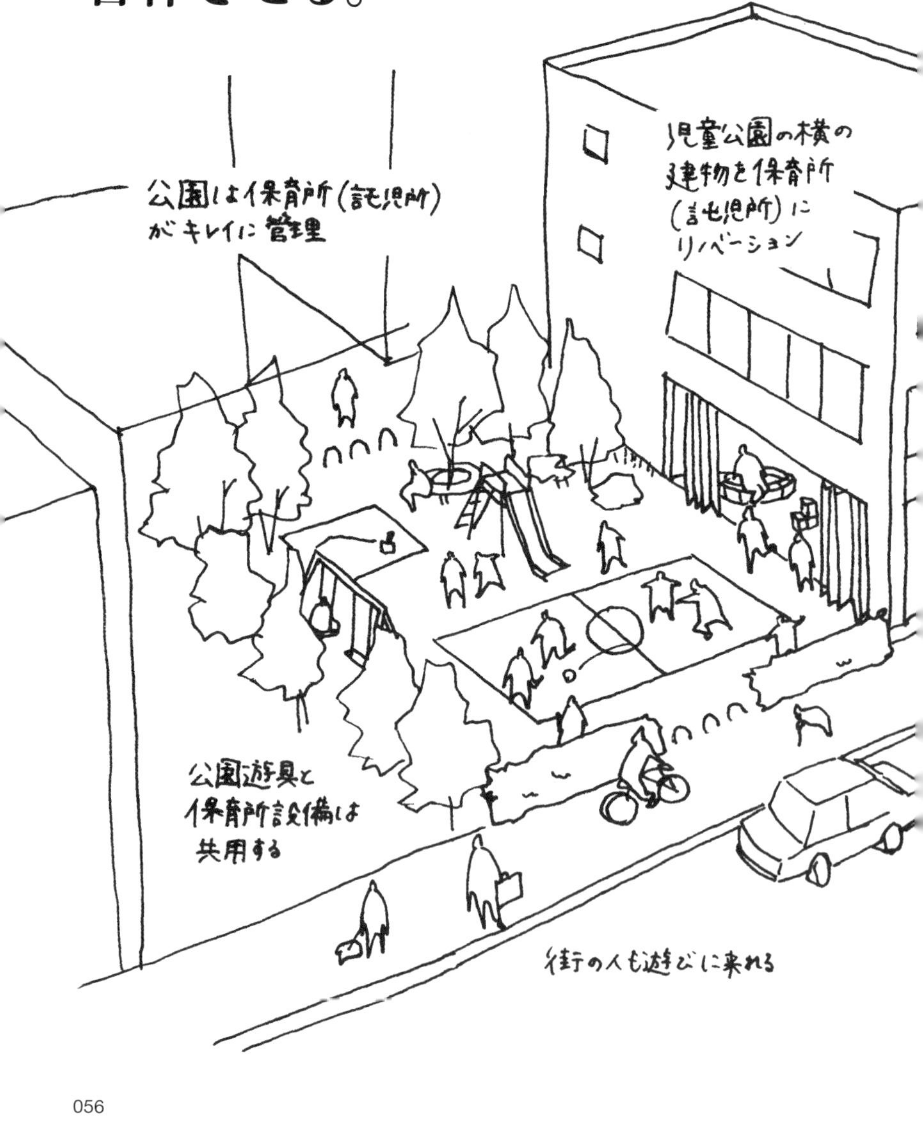

公園は保育所(託児所)がキレイに管理
児童公園の横の建物を保育所(託児所)にリノベーション
公園遊具と保育所設備は共用する
街の人も遊びに来れる

都市の育児環境を少しでも良くするために。

都市部では待機児童の増加が社会問題になっている。また、園庭のない都会のオフィスフロアを保育施設として利用している場合もある。
それなら、都会の児童公園に近接する建物の一部をリノベーションして、保育所や託児所にするのはどうだろうか。
両者をつなぐと、ゆったりとした庭のある保育施設になる。
行政にとっては建設費の軽減になり、保育施設が公園の維持管理をすることになれば経費の削減にもつながる。
子どもたちにとっても、広々とした園庭のある空間で過ごす方が幸せだ。

オープンスペースでピクニックする権利を主張する。

東京ピクニッククラブ

公園で何をしてよくて、何をしてはいけないかは、難しい課題だ。

建築家の太田浩史は「東京ピクニッククラブ」という任意団体を2002年に結成して、東京のさまざまなパブリック・オープンスペースでピクニックをするという実験を行っている。それは行動自体がアートワークであり、公共概念を問い直す確信犯的なパフォーマンスでもある。

彼らが用いる「ピクニック・ライト」という単語は、文字通り「ピクニックをする権利」。公共の公園で、どこまで何をやっていいのかを問う、というのがその活動の根底に流れる問題提起だ。彼らはこう宣言している。

「東京ピクニッククラブは「ピクニック・ライト」を主張する。我々は、ピクニックをする場所が欲しい。ベンチでもなく、噴水でもなく、ただただ広い芝が欲しい。もしも東京の公園と緑地＝グリーン・フィールドを開放してくれたなら、ピクニックは都市を交流の場として再生させる確かな手立てとなるであろう。緑地が足りず、芝がなくとも、活用されていない空地＝ブラウン・フィールドがあったなら、そこで食事や会話を楽しみたい。そうすれば200年目の東京でのピクニックは、新たな都市風景を受容するための切実な試みとなるであろう」

たとえば、東京のオープンスペースでシートを敷いて突然ピクニックを始める。そこで管理者に注意されると、あえて「このピクニックという行為を妨げるのは、どのような制度に基づいているのですか？」と問うてみる。もちろん注意をしたその敷地の管理人はキョトンとするばかりだろうが、それは都市空間の所有や管理、そしてそこで営まれる市民行為に対する問題提起である。なんだかコミカルなやりとりを想像できるが、それは示唆的な会話だ。

果たして日本では、都市の空地で市民が自由に敷物を広げ、飲食をする行為がどこまで許容されるのか、許容されるべきなのか？ 彼らは身を挺してそれを試している。公共に対する常識に、挑発的でなくユーモアをもって挑んでいる。

公園で一体何をしてよくて、何をしてはいけないのか？ それを行政が決めること自体おかしなことかもしれない。そのコンセンサスの取り方、既存の管理概念へのアンチテーゼを、楽しく投げかけてくれている。

既成概念を覆す、学校、図書館、シアターをつなぐ巨大トラック。

羅東鎮限運動場（台湾宜蘭市）

都市はもっと自由に使える、それを気づかせてくれた公園。

台北から車で1時間ほどの郊外に宜蘭（ギーラン）という街がある。さまざまな文化政策に取り組む台湾でも注目の都市。この街で既成概念を揺さぶられるような公園を見つけた。

陸上用の400mトラックが突然、街の中に出現する。普通、競技場にあるはずの、この公園のトラックは柵もなく、通りからダイレクトにアクセスできる。

フィールドは陸上用のラバーでコースラインもしっかり引いてある。正真正銘の競技トラックの構造。しかし、そのまわりを観客席ではなく、小学校、図書館、屋外劇場、スケボーのバンクなどが取り囲む。一見バラバラな機能の公共施設をトラックがくるっとつないでいるのだ。しかもフィールドと各施設はシームレスで、境界がない。そこはすべての施設の共有の公園でもあるのだ。

トラックの内側は、池や小さな林になっている。おかげで400mを見渡すことはできないが、陸上競技場の中に森があるという不思議な空間を体験できる。

そのトラックは、市民に思い思いの使われ方をしている。ランニングしている正統派、穏やかに散歩する老夫婦、その横では小学生が体育の授業をしている。それはどこかユーモラスで、ほっとさせられる風景。

私たちは空間を目的によって固定化しすぎていたのかもしれない。人間の行動や思考のように、機能も空間も緩やかに流動的に考えるべきなのだ。みんながトラックでハッピーに過ごす風景を見ながら、陸上競技をする場所という固定概念を外すと、空間に自由度や多様性が生まれることに気づかされた。

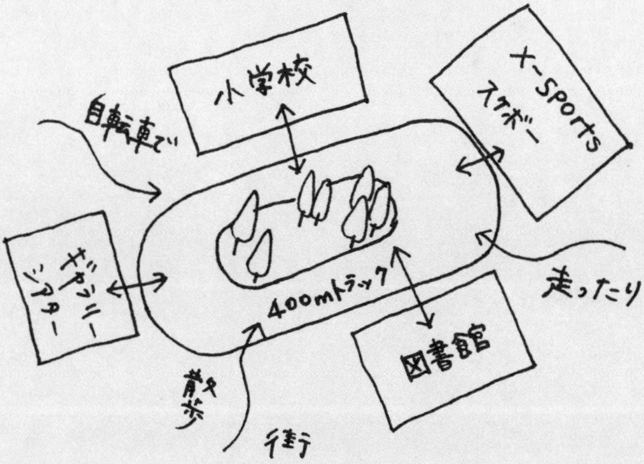

トラックは屋外劇場へとつながっている。老人たちの散歩道にもなっている

トラックには人も犬もフラットに散歩している

トラックはそのまま X-sports（スケボーなど）の遊び場につながっている

トラックは地続きに小学校の敷地へとつながっている

役所をリノベーション

なぜ、役所はどこも同じような空間なのだろうか？

均質に並ぶデスク、部署ごとに区切られたゾーニング、市民との世界を隔絶するようなカウンター…。
組織が硬直する原因は、この空間にもあるのではないだろうか。空間が働く人に及ぼす精神的な影響は大きい。
行政の変革が迫られるなか、既存組織を変えるのが難しいなら、まず空間／ハードから先に変えてみてはどうだろうか。
空間に刺激され、組織がゆるやかに変化する、役所はその実験場に。

ここは 本館1階ロビー です

空間を変えれば、組織も変わる。

組織と空間の変革を迫られる役所

県庁、市役所から町村役場にいたるまで、規模の大小にかかわらず、日本の役所はどこも同じような空間が広がっている。

1981年新耐震基準の施行前につくられた役所は、建替えや大規模改修を迫られている。しかし税収の落ち込みやハコモノ行政批判から、かつてのように簡単に新築はできないだろう。

時期を同じくして、行政組織自体も問い直されている。人口減少や財政の緊縮化によって、今までの低効率・高コスト体質の改善が切実な問題だ。空間同様、組織をどうすればいいかも再考する時がきている。

街から隔絶されてしまった役所

役所の立地にも課題がある。人口の増加が顕著だった1960年代以降、日本の都市は郊外に広がっていった。それに合わせて市街地にあった役所も街の外側へと移転した場合も多い。働く人も、訪れる人も、車で来て去っていく。かつては街なかの役所へ歩いてアクセスし、役所で働く人々も街で飲食し、街にお金を落としていた。しかし、郊外化した役所では建物のなかで機能が完結してしまう。結果的に経済がショートサーキットを起こし、街のダイナミズムの一端を奪うことにつながった。

街から切り離された役所は、街へのリアリティを失っていった。それは地方都市の中心市街地の衰退と無関係ではないはずだ。

今、役所機能を再び、街の中心へと呼び戻そうという動きも始まっている。

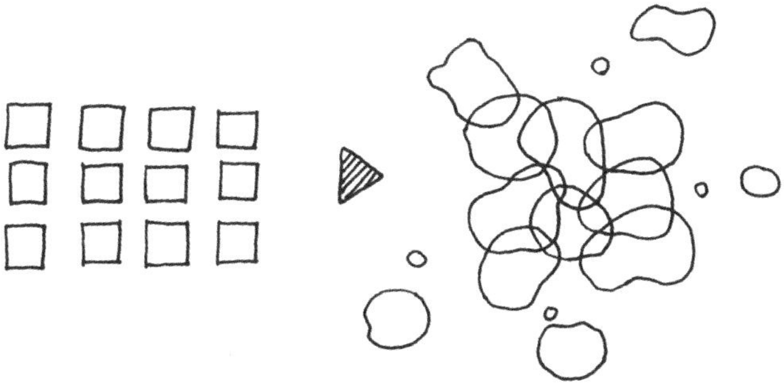

役所が街へコミットし、活気のエンジンになることが期待されている。

均質な役所からの脱却

役所はその空間構造、立地など見直す余地がたくさんある。同時にそれは可能性を持っていることの裏返しでもある。街の人口や抱えている課題、特徴によって役所のかたちも、プランも、立地も多様でいい。しかし、多くの役所の平面プランは相似形。成長時代のマネジメントはそれでよかった。急激に増える人口に対応する事務をこなしていくためには、決められたフォーマットを遂行していくのに精一杯。それは、「いかに管理しやすくするか」という管理者側の論理でつくられた近代の空間。

たとえば、市民の動線と役所で働く人々の間には高さ1mのカウンターがあり、二つの世界はハッキリと隔てられている。奥では対向島型に机が配置され、役職が外から見ても一目でわかる。児童課も観光課も都市計画課も業務の内容はバラバラだが、すべての課でそのフォーマットは統一されている。使う家具、部屋の明るさまでも…。近代の究極の均質空間がそこにはある。

この空間を柔軟にすることで、行政システム、すなわちソフトの柔軟さを誘発できないだろうか、というのがこの章の問題提起。効率性や画一性より、多様性やコンセンサスの形成の重要性が上回っている今、地域の規模や風土、住民気質によって役所にも多様性があってもいい。

管理する側の論理でなく、使う側の論理で役所を再編集してみる。

これも役所です。テラスで市民と職員が井戸端会議。

名護市役所（沖縄県）

アサギテラスという中間領域がつくる風景。

1981年に竣工した、沖縄県名護市の名護市役所。
緑に囲まれた外と内の中間領域は「アサギテラス」と名づけられた。
気持ちのいい半屋外の場所では、夏の夕方になると折りたたみのテーブルが持ち出され、ちょっとした宴会が行われていたらしい。沖縄の風土と人々ならではのエピソード。
役所にはその街を体現した空間や営みがあってもいい。
象設計集団による役所の概念を変えた名作。

沖縄でよく見かける
コンクリートブロックを
使った表情がいい!!

アサギテラス
内と外の中間領域
役所の半屋外だから
オツな雰囲気がある
公園と役所が曖昧に
つながっているエントランス

構造補強のタイミングが、リノベーションのチャンス。

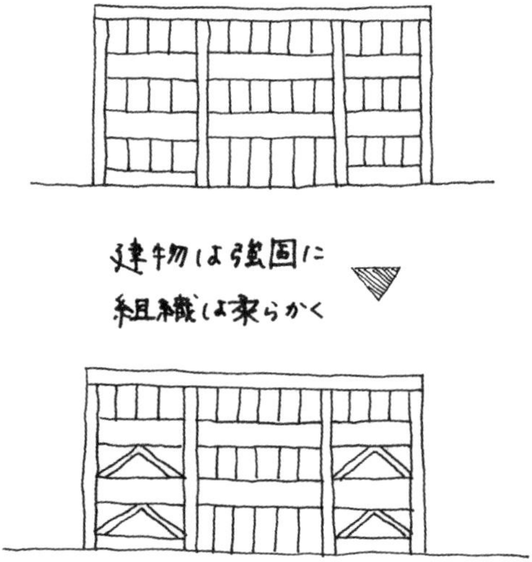

ハードは強固に、ソフトは柔軟に。

現在、耐震改修の必要に迫られている役所はチャンスかもしれない。その機会を利用して空間の再編を行うことができるからだ。
補強すべき箇所は強くし、逆に開放すべき壁は大胆に抜いて建物を軽くする。同時に外部との開放性を獲得する。
企業を変えようとするとき、マネジメントや組織改革を先に断行すると摩擦が大きい。だからまず空間を変えて、それにともない緩やかに組織を変えていく方法があるが、その理論は役所にも当てはまるだろう。
空間を強固にして、内部の組織を柔らかく。それが役所空間の未来。

空間の再編が、組織の再編を促す。

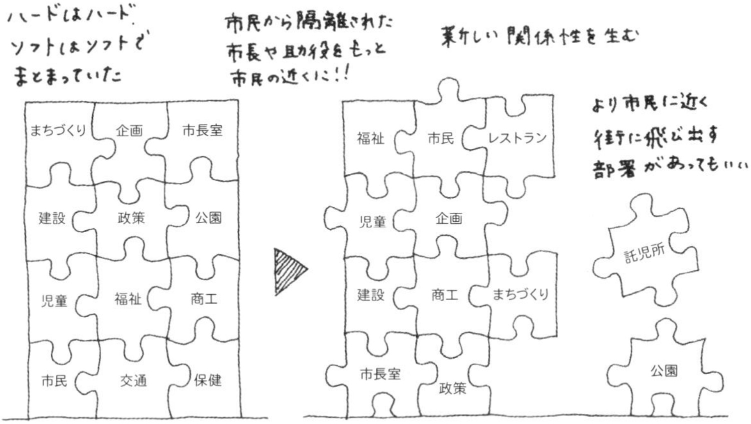

部署の空間配置の常識を疑ってみる。

部署の配置を見直すことで、新しい関係性が生まれないだろうか。
従来、部署の配置はおよそ画一的で、たとえばハード系だと、建設課、土木課、公園課、住宅課に類する部署は固まっている。児童課、福祉課などのソフト系もまとまっていることが多い。その配置は、これからの時代も有効だろうか。大胆に、それをシャッフルしてみる。たとえば、ハード系の公園課の隣に、ソフト系の児童課があるとする。「児童によりよい公園とは?」といった課題は、お互いの部署をまたぐ相互の発想が必要になる。そういうディスカッションが起こりやすい場を、意識的につくりやすい。
今まで行政が整備してきた施設は、今後つくることより、維持管理へと重心が移る。ハードがソフトへと移行し、両方の部署の連携がより求められることになるだろう。どの部署が隣りあって、空間を共にした方がいいのか。それを再考してみると、新しい組織のかたちが見えてくるかも。

カウンターを丸テーブルに替えてみる。

どこまでも話は平行線？
なんか対峙してしまう
越えてはいけない一線か？
退屈そうな風景に見える？

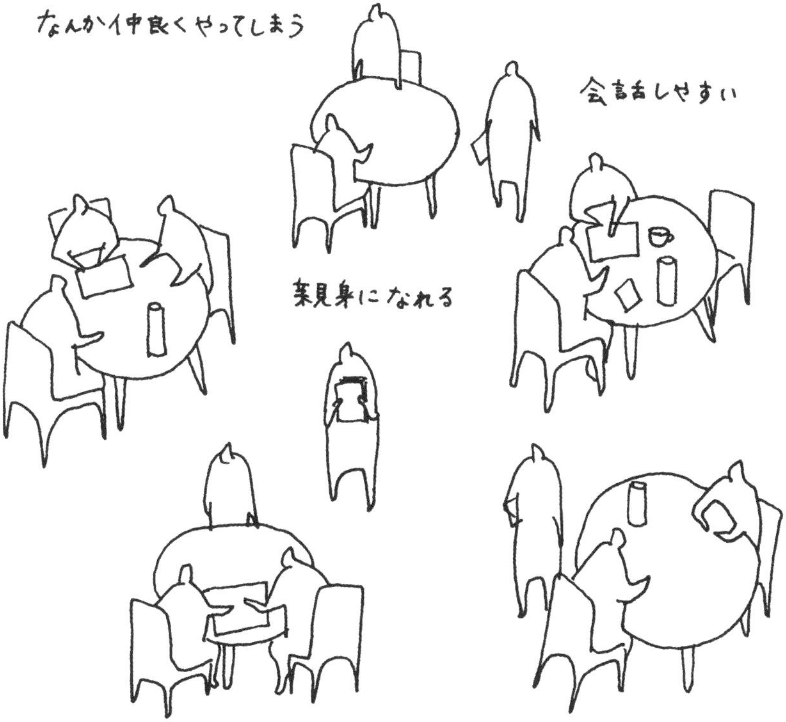
なんか仲良くやってしまう
会話しやすい
親身になれる

テーブルのかたちがコミュニケーションを変える。

市民と執務空間の間にある高さ1mのカウンターが両者の距離感の象徴でもある。その気がなくても、管理する役所側と管理される市民側の対抗軸をつくってしまう。それはこのカウンターが悪かったのでは？
二つの世界を分かつそのカウンターを、まず取り除きたい。
空間がつながり、柔軟な雰囲気が生まれる。丸テーブルがあって、そこに相談にきた市民と役所の職員が一緒に座る。それだけでもコミュニケーションのスタンスが変化する。

まちづくりの部署は、街にあるべき。

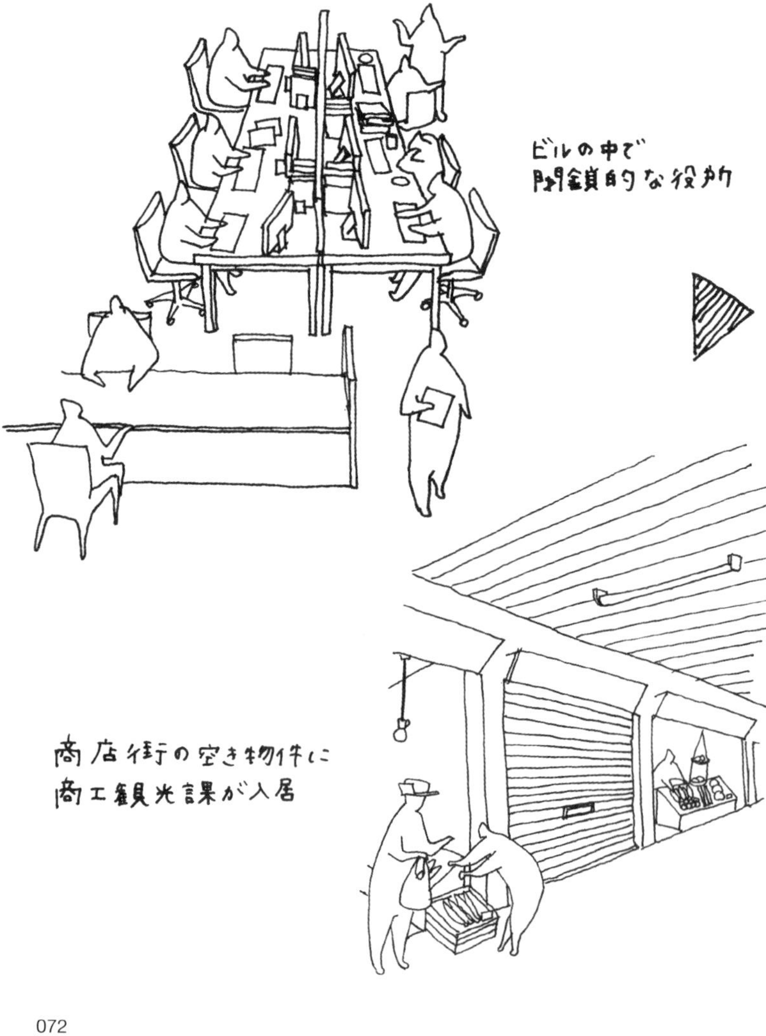
ビルの中で
閉鎖的な役所
商店街の空き物件に
商工観光課が入居

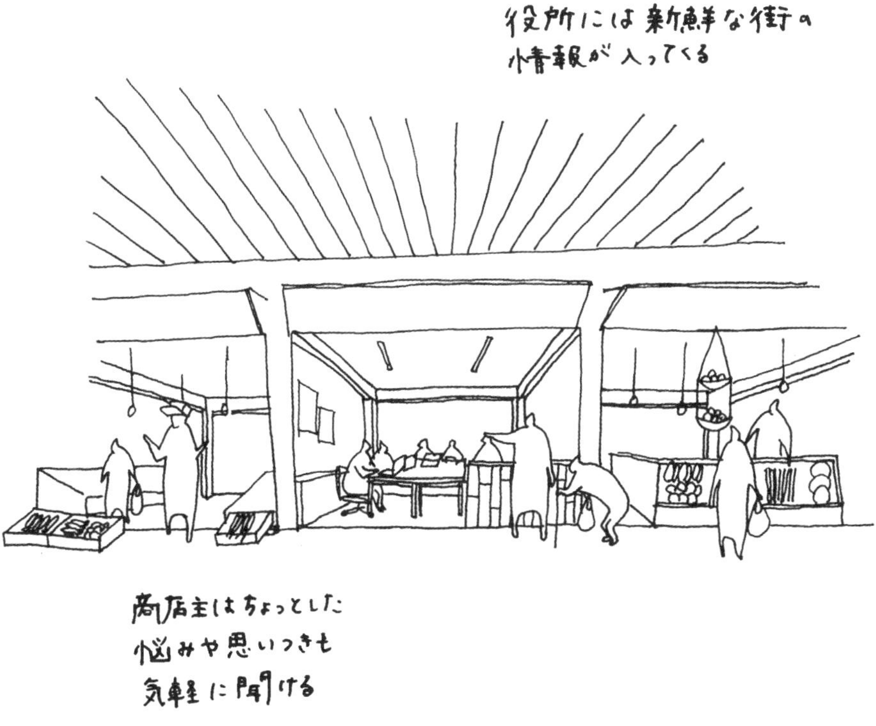
役所には新鮮な街の
情報が入ってくる
商店主はちょっとした
悩みや思いつきも
気軽に聞ける

街なかの空き物件も埋まって一石二鳥。

商工観光課など、商店街を活性化するための部署の一部が街なかの空き物件に移動してくる。
役所ビルの中にいるより、現場の真っ只中にいた方が街の課題がリアルに見えてくる。
物理的な距離の圧縮で、街との精神的な距離も近くなる。
商店街は空き物件で困っているので、埋まって一石二鳥。

小さなリアルを役所のなかに。

ガラス
託児所

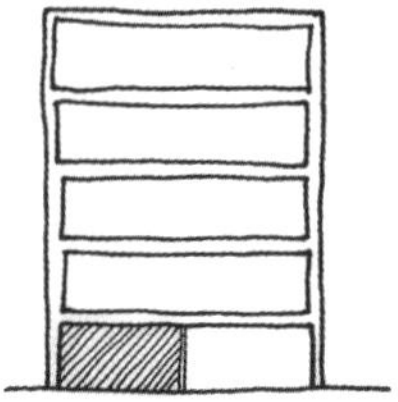
行政サービスの一部が
役所に入っている
子どもたちの様子を
うっすら感じながら
子ども福祉の執務を
するリアリティ

物理的距離が縮まると、発想も変わる?

たとえば小さな託児所が役所の中にある。
児童福祉課の職員は託児所の日常で何が起こっているのかを垣間見る。現場と計画を立てる場の物理的な距離を縮める工夫。
「事件は会議室で起きてるんじゃない、現場で起きてるんだ」と、青島刑事が言っていたけれど(映画「踊る大捜査線THE MOVIE」)、それは役所にも当てはまる?

議事堂をガラス張りにすると、政治の透明度が増す？

顔の見える議会は、政治と市民の距離を近づけるか？

議事堂は今まで重厚な建物だったり、役所の最上階にあって、市民からは遠い存在。議論はブラックボックスのなかで行われているイメージがあった。これでは市民の関心が政治から遠のく一方だ。
議会をガラス張りして、1階の人通りの多いフロントゾーンに持ってくる。
いつ、どんな雰囲気のなかで、誰が議論を進めているのかがわかる。顔の見える議会。いやおうなく街や市民との距離感が縮まることになる。
議会中、うかつに居眠りもできない？

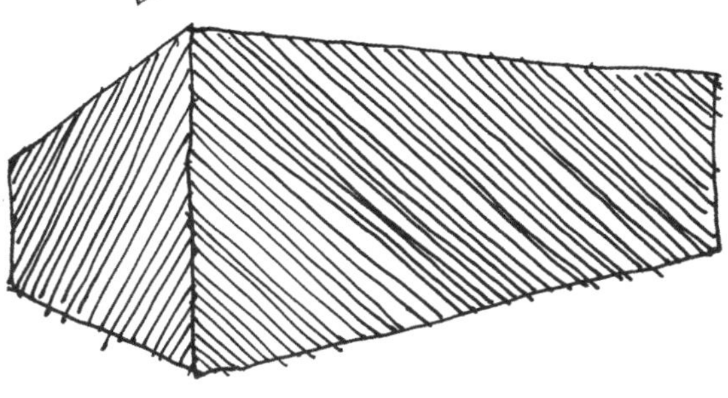

いただきまーす
づくり連絡会議　第7回総会／第12回
Special
Sandwiches

透明な市役所と議事堂は、行政と政治を変えるだろうか。

長岡市役所／アオーレ長岡（新潟県）

駅、アリーナ、ホール、そして街を市役所がつなぎとめる。

かつて街のはずれにあった長岡市役所が、長岡駅に直結した街のど真ん中に戻ってきた。同時にアリーナ、市民ホール、議事堂も併設され、そのすべてがガラス張りで、外から中がまる見えなのだ。設計は隈研吾建築都市設計事務所。

このバラバラの機能は、「まちの中土間」という半屋外のオープンスペースを中心に構成されている。中土間は、キッチンカーが来てカフェになったり、屋外コンサートが行われたり、パブリックビューイングで盛り上がったり、市民の抜け道になったり、さまざまな顔を持つ。

市役所はこの土間の上空を取り囲む立体パズルのように構成されている。会議室はガラス張りで、スケスケの空間でミーティングが行われている。極めつけが議事堂だ。これもガラス張りで議会の様子が通りすがりの市民にさらされている。行政や政治を外部に開こうというメッセージが空間化されている。

行政施設を郊外化する傾向が続き、中心市街地の空洞化を助長してきた。長岡市では役所の建物を市街地に賑わいを創出する装置と位置づけた。長岡の市民に聞いてみると、駅を中心にした中心市街地の人の流れが明らかに変わったという。そこへ向かう具体的な用事が増えたからだ。街と絡みあうように存在する市役所は、機能も経済も街に滲み出る。

市民と行政や政治の距離は自然と近くなる。空間が行政の在り方を変えるかもしれない。長岡市役所はその大きな一歩を踏みだした。

1階を開放して、
街とつなげてみる。

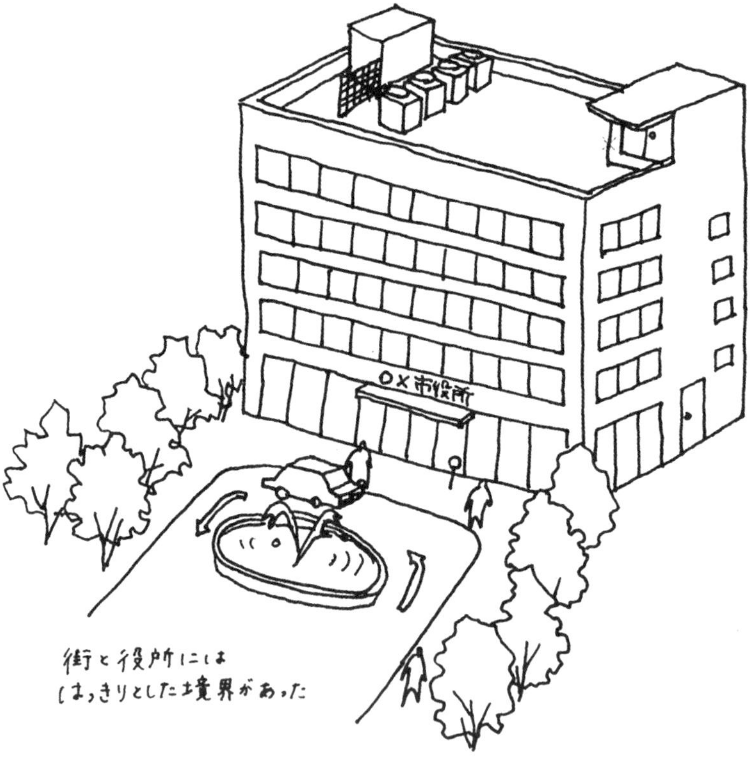

○×市役所
街と役所には
はっきりとした境界があった

街と1階を地続きに。
街や公園が役所の中に
入り込んでいる

役所を日常生活の場へ。

そこではお弁当を食べても、昼寝をしてもいい。
小さな屋台やキオスクが点在していてもいい。
街や公園が役所の1階に侵食する。
用事がないと行かない場所から、役所は日常の延長へ。

地下の食堂を眺めのいい最上階へ、市民に開放して、環境も味もバージョンアップ。

市民が日常的に使える場を役所の上に。

食堂が地下に追いやられているのは、かつての役所の在り方を象徴しているかもしれない。行政機能が上位で、生活に根ざした「食べる」という行為が下位。でも、そこで毎日働き食事をとる職員にとって、決してハッピーではない空間配置だ。
時代は変わり、豊かになった日本では質の高い生活を求めるようになった、食べることだけが目的ではなく、食べる時間と空間も大切にする。役所空間に

も、そんな暮らし方が反映されるべきだ。
まず食堂を眺めのいい最上階に移動しよう。
市民にも開放されるレストランは、しっかり売り上げを狙える。価格だけではなく、味やサービスのコンペを行って市民や職員の投票でテナントを決めてもいい。
競争原理を導入することで、みんなが幸せ。日常的に利用できるレストランになれば、市民と役所の距離も近くなる。

水辺を
リノベーション

なぜ、日本の建物は水辺に背を向けて建っているのか？

かつては江戸も大阪も水の都と呼ばれていた。ベネチアのように水運に恵まれ、人や物資が行き交っていた時代もあった。
しかし現在、私たちと水の距離は遠い。物理的には近くても、間にはカミソリ堤防と呼ばれるコンクリートの壁があり、両者を遮っている。戦後の治水や土木行政の歴史が人と水辺を隔絶していったのだ。
しかし、そこに都市の可能性が眠っていることを僕らは知っている。
日本の水辺をいかにして開放するか？ さまざまなトライアルから、その具体策を探る。

トンコーイ
2F

水辺の開放に必要なのは、社会のしがらみを解きほぐすというデザイン。

日本の水辺のおかれている状況

水辺はかつて生産の場であり、輸送ルートであり、商業の中心でもあった。多くの利益を生み出す空間でもあったわけだから、当然複雑な利権を生み出してきた。

同時に長年、水害との戦いの場でもあった。河川整備の歴史はそのまま防災の歴史でもあり、それが日本の高い土木技術を生み出してきた。ゼロメートル地帯ですら浸水することがほとんどなくなるまでに水辺は整備され、災害に強い都市になった。しかしそれと引き換えに、カミソリ堤防と呼ばれるコンクリートの切り立った壁が市民と水を隔絶した。

こうした水辺の歴史が、管轄や管理体制を複雑にしている。河川や港湾の管轄は国、都道府県、市町村と細分化され、行政間の横のつながりも疎遠だ。水運や水辺の使用権などにはさまざまな既得権があり、そこはアンタッチャブルな側面も多い。水辺は公共空間のなかでも多くの困難を有していることは確かだ。

水辺解放の時は、今

しかし、そこが水辺のリノベーションの醍醐味でもある。

ベネチアやシドニーなどの例を出すまでもなく、人は水に対し特別な感覚を持ち、いい水辺は街の活力や魅力、産業にもつながっている。

長い歴史の積み重ねによってもつれ、膠着した状況を解きほぐすのもデザ

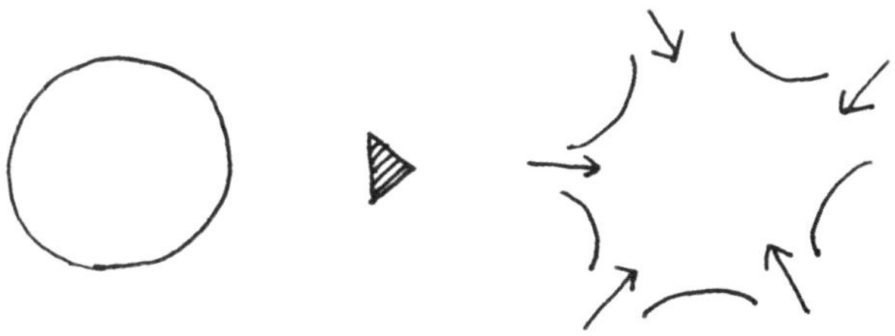

インの役割ではないだろうか。水辺は空間デザインに到達する前段階に必要な手続きが、他の公共空間に比べて膨大だ。僕はそれ自体もデザインの一部だと思うし、そのルートを構築することが社会的な意義を持つと考えている。楽しく、美しい風景を提案し、それへの共感が市民や行政、そして資本を動かす。逆の順番はありえないから、僕らは水辺に魅力的な提案をし、社会に問わなければならない。

ハードウェアの整備が一段落し、洪水などの脅威からは免れるようになった。そうなると、私たちは再び水に近づく生活に憧れるようになった。安全の確保が先人たちの役割だったとするならば、水辺を新しい利用のフェーズに持っていくのが僕らの世代の役割だ。

近年、規制緩和が進み、社会実験などのプロセスを通して水辺の開放（解放と表現した方が適切か）が進んでいる。そこは都市に残る数少ないオープンスペースであり、新しい文化や交流を生む可能性を秘めていることはみんなわかっている。

複数の関係者の間でコンセンサスをとる手法も、少しずつ洗練されてきた。組合や協議会などをうまく使い、段階的に水辺を開放している地域も出てきた。大阪や広島などがその先進事例で、最近では東京でも特区ができたりしている。河川法が緩和され、その使用規定の決定が国から地方自治体に移管されたことが、その動きを促進している。

今、水辺は大きな変革の時期を迎えている。

SAKIZO

京都鴨川の川床は、どのような仕組みで復活したのか。

風物詩を守るルールと組織。

江戸時代に始まった京都鴨川の「床（ゆか）」は治水工事、台風、規制などで一度姿を消したが、紆余曲折がありながら、戦後、1951年に協議会が発足し、復活した。市民が望んだからこそ実現した風景だ。伝統的なこの水辺の使い方、そして市民・行政と自然とのつきあい方に、日本の水辺開放の模範がある。

江戸時代から鴨川の河原は見世物や物売りで賑わっていた。それに次いで茶屋ができたのが今の川床の起源と言われている。多いときには、400の茶屋が床を並べていた。

その後、川床は自然や時代の紆余曲折にさらされることになる。1934年の室戸台風と集中豪雨により床がすべて流されてしまうが、補修工事によって現在の原型がつくられる。第二次世界大戦下の1942年、灯火管制のため床が禁止となる。しかし戦後、復興とともに復活し、1952年には納涼床許可基準が策定され、一定の法のルールの中で運営されることになる。現在では、5月から夏にかけて床での営業が認められている。

京都府では、鴨川の伝統的な景観を地域の資源として活用するために鴨川納涼床設置基準を設け、川床の許可を任意団体の京都鴨川納涼協同組合に委ねることになった。この組織が河川敷占用料や設置基準のとりまとめを行い、河川管理者である行政との調整を一括して行う。

このように伝統的な景観や風物詩を残そうとするコンセンサスがとれ、行政側もそのメリットを十分に理解すれば障害をクリアすることができるモデルである。地域、民間と行政がルールを共有するプロセスを経て、責任の所在を使い手側へ委ねていく。京都という特殊性も働いているが、段階を踏んで川床を可能にした鴨川モデルは、水辺利用に多くのヒントをもたらした。

河川敷のサイクル／ランニングステーション。

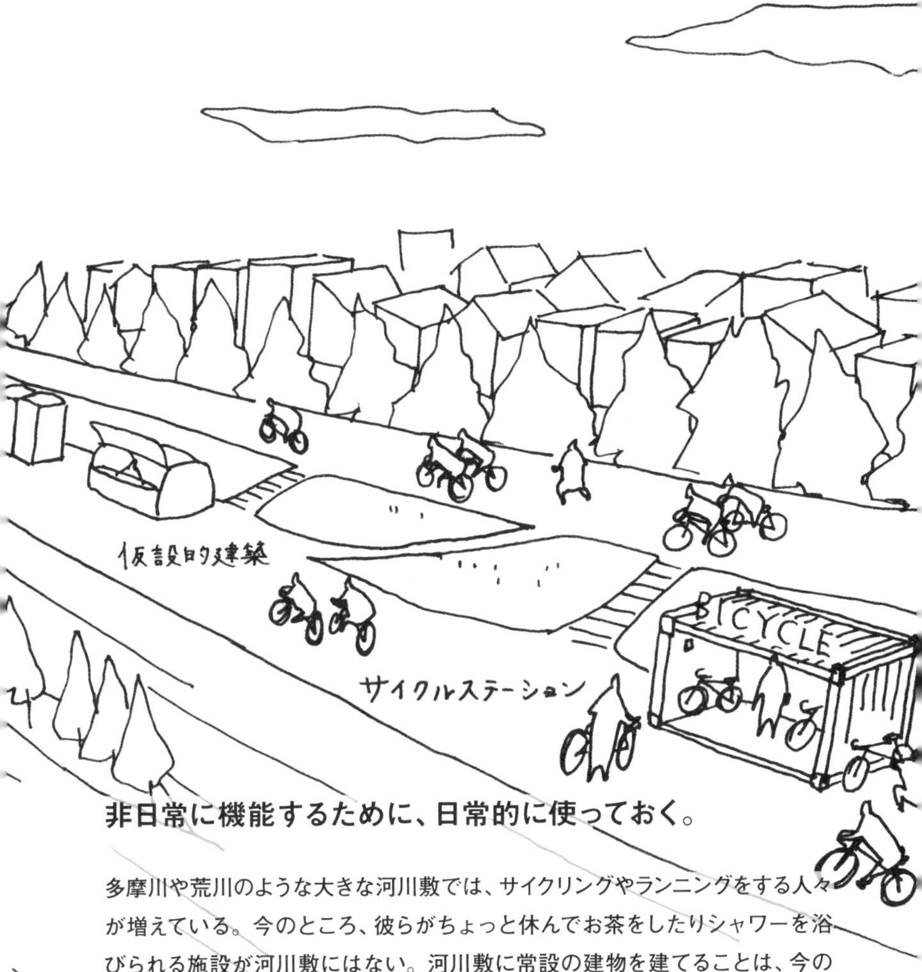

非日常に機能するために、日常的に使っておく。

多摩川や荒川のような大きな河川敷では、サイクリングやランニングをする人々が増えている。今のところ、彼らがちょっと休んでお茶をしたりシャワーを浴びられる施設が河川敷にはない。河川敷に常設の建物を建てることは、今の法律では基本的に不可能だ。洪水などの災害時を想定されているからだ。
しかし場所をうまく選択すれば、河川敷付近にカフェやシャワールームを装備したステーションのような施設を建てることが可能ではないだろうか。
非常時に機能する空間や施設は、日常的に市民の生活のなかで親しまれていることが重要だ。いざという時の物流ルートにもなる大きな川の河川敷、その機能と風景の魅力を再認識するきっかけとしての場所にもなる。

運河に浮かぶ水上レストランは、建物なのか、船なのか。

WATERLINE（東京都品川）

水辺開放に向けての一歩。

東京・天王洲に浮かぶ水上レストラン「WATERLINE」。
遊覧船の中にあるレストランは今までもあったが、常時地上とつながり、桟橋を通ってアクセスするのはここだけ。
これを実現するにはさまざまな手続きと工夫が必要だ。このプロセスに、水辺開放のヒントが潜んでいる。

水上レストランを可能にした、法律クリアの戦略。

建築でもあり、船でもあるレストラン。

東京湾の天王洲にある人気のレストラン「WATERLINE」は運河に浮かび、桟橋を通ってアプローチする。水辺に写る光や水音が独特の雰囲気を醸し出している。水に浮かぶレストランはめずらしい。どのようなプロセスでそれが可能になったのか。

まず、水上に建物を浮かべたとき、それは船なのか、それとも建築物として扱われるのかがポイントとなる。WATERLINEは、両方の扱いになる。

水面に浮かんでいるものについては船舶の扱い。ただし3カ月以上同じ場所に停泊しているものについては（水に浮かんでいたとしても）土地に定着しているとみなされ、建築物としても扱われる。

計画敷地については、都市計画法上の市街化調整区域に該当し、新たに建築物を建てることができないが、すでにある倉庫をレストランにリノベーションした建物の増築という扱いにすることで、建築することが可能となった。

港湾法においては港湾区域に指定されているため、物流に関係する施設しか建てることは許可されない。しかし、2004年に東京都が水辺を観光資源として活性化する「運河ルネサンス」という政策を進めており、敷地がこの指定エリアに入っていたため、特別に観光に資する施設として認められた。

施設の許可においても、船舶と建築、両方の基準を満たすことが求められた。浮いている台船部分は船舶の基準に基づき船舶検査を受け、客席部分については建築基準法における確認申請を受けた。

建築の基礎に相当する台船と、上屋にあたる客席を分割し、船舶と建築それぞれに求められる基準を満たしたところに法解釈の知恵がある。運河ルネサンスという規制緩和の枠組みを用いたことも大きかった。

検査クリアのための考え方

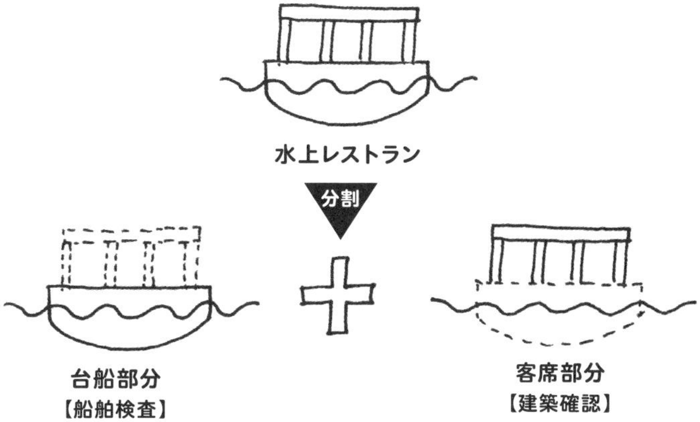

水上レストラン実現のための五つのキーワードカード

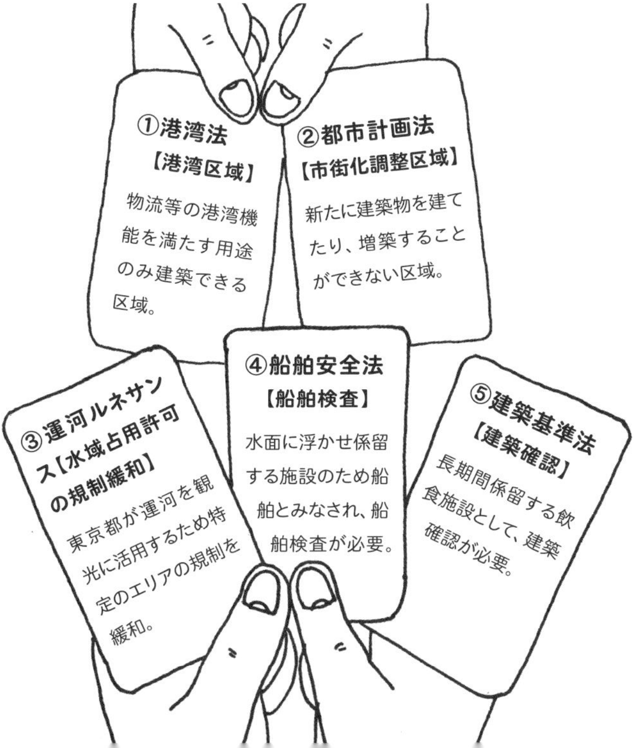

①港湾法
【港湾区域】
物流等の港湾機能を満たす用途のみ建築できる区域。
②都市計画法
【市街化調整区域】
新たに建築物を建てたり、増築することができない区域。
③運河ルネサンス【水域占用許可の規制緩和】
東京都が運河を観光に活用するため特定のエリアの規制を緩和。
④船舶安全法
【船舶検査】
水面に浮かせ係留する施設のため船舶とみなされ、船舶検査が必要。
⑤建築基準法
【建築確認】
長期間係留する飲食施設として、建築確認が必要。

水辺を、働く場所として
捉え直してみた。

THE NATURAL SHOE STORE（東京都勝どき）

Open A works

水辺のオフィスでは、働き方も違ってくる。

運河や河川の水辺において、岸壁の所有は公共であるけれど、そこに接する土地は私有地だ。よって港湾エリアの倉庫などには直接、岸につながった事実上占有可能な水辺が存在する。この倉庫がまさにそれであった。

この空き倉庫を、Open A設計で、靴の製造と輸入販売を行う企業のオフィス兼プレスルームへとリノベーションした。巨大な倉庫全体を改造しようとすれば工事費やランニングコストの負担が大きい。よって、ガラスのキューブをゴロンと置き、その中だけを集中的に整えることにした。空調もガラスの内部だけで、残りは室内と屋外をつなぐ中間的な庭のような空間だ。風が抜けるこの場所にはデスクやミーティングテーブルが散在し、人々は能動的に働く場所を選択することができる。最大の魅力は岸壁との間に張り出したテラス。ここはもっとも人気のミーティングの場であるらしい。

この空間で提示したかったのは、倉庫のリノベーション手法と同時に、「働く場」のデザイン。一般的なオフィスは人工的で外気と接しないビルに押し込まれている。それは仕事をする環境として本当に快適なのか。新しく自由な発想は、リビングの延長のような気持ちのいい空間でこそ生まれるのではないか。

アメリカのアウトドアブランド・パタゴニアの本社もカリフォルニアの水辺にある。自然を感じながら仕事をするスタイルが、手がける製品の世界とリンクしている。価値創造型の企業にとって、ワークスタイル自体がその企業の価値観を表しているのだ。

河川法が改正されて、水辺の可能性が広がった。

徐々に開かれ始めた水辺。

1997年に河川法が改正され、河川の管理を総合的に行いより自由度を高めるための方針転換が行われた。これによって、日本の水辺使用の可能性は、新しい時期に入った。

少し複雑だが、どのようなプロセスで規制緩和が行われたのか、時系列で見てみる。そのまどろっこしさと同時に、がんじがらめの法律を手続きを踏んで解きほぐそうとする行政側の苦労も見てとれる。河川法の改正は、今の日本の行政がおかれている状況を象徴している。

まず、1997年に河川法が改正される。そこで国として、河川使用を開放する方向へ大きな舵を切る。そこでは「人と河川の豊かなふれあいの確保等を総合的に考慮すること」と表現されているが、具体的な内容は示されていなかった。1999年河川敷地占用許可準則が施行され、具体的な運用について定められる。

2005年河川敷地占用許可準則の改正により、河川敷地の占用が「社会実験」という形で許可された。「社会実験」という名目で、短期的に河川敷地に施設をつくったり、イベントを行うことが可能となった。

2011年河川敷地占用許可準則がふたたび改正され、特例許可が認められる。社会実験によって地方自治体の条例制定に向けての試験的な活動を経て、地方行政の責任で誰が、何に、どういう内容に、どれぐらいの期間使っていいのか、その内容を地方自治体が決めてよいことになった。地方自治体の責任範囲により決められることは、許可区域、用途（広場、イベント施設、遊歩道、船着場等と一体をなす飲食店、売店、オープンカフェ等、船上食事施設、川床の中から）、占用主体、占用許可期間、占用料などだ。

2011年河川敷地占用許可準則改正の特例許可によって、東京都で定められた占用許可エリア

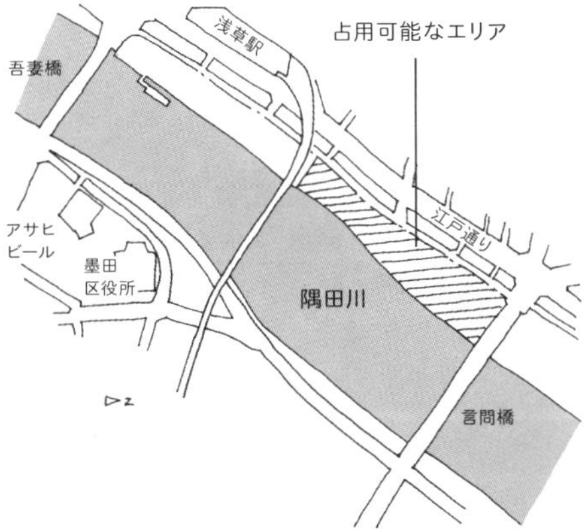

隅田川

占用可能な用途：広場または遊歩道と一体をなすオープンカフェ
占用の期間：3年以内
占用料：年間9,054円/㎡

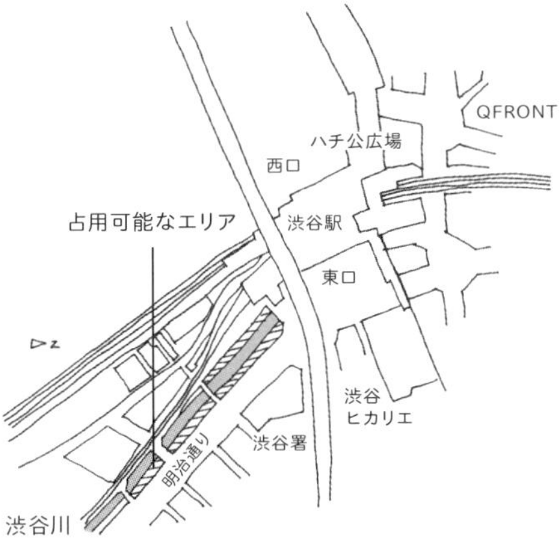

渋谷川

占用可能な用途：イベント広場
占用の期間：10年間
占用料：年間27,198円/㎡

渋谷区の渋谷川の周辺を使って、新たな河川使用の可能性が模索され始めている。また台東区の隅田川河川敷は、遊歩道と一体をなすオープンカフェの用途について占用許可を出している。
今後、このように地方自治体単位で、新たな緩和と実験が行われていくことが期待される。

水辺から都市を活性化する、行政と企業がチームを組むと。

水都大阪

水都大阪で中之島の河川上に展示された、フロレンティン・ホフマンのアートプロジェクト「ラバー・ダック」。

点から面へ、水辺の可能性を街全体に広げる活動。

「水都大阪」とは、遠い記憶となってしまった「水の都」としての大阪を復活させようというプロジェクト。大阪市、大阪府などの行政と経済団体など地元企業が横断的な実行委員会をつくり、水辺のプロジェクトを後押しする政策。水に囲まれた都市の特徴を活かし、水路ネットワークや水面のポテンシャルを都市計画に盛り込もうとしている。
これによりバラバラに進んでいたプロジェクトが、一つのベクトルを持つようになった。大阪における水辺活性化のきっかけと、情報共有化の役割を果たしている。
ゲリラ的な活動をこのような大規模な水辺のアートイベントへ収束させていくには、やはり行政や企業の組織的なバックアップとコンセンサスが不可欠だろう。

規制緩和された水辺を使おう！

水辺には新しい自由が広がっている。

河川使用の規制緩和によって水辺の可能性は一気に拡張した。
地方自治体が指定した水辺においては、たとえばカフェやイベントスペースなどをつくれるようになった。
すでに一部の街では始まっている。東京の渋谷区や台東区では規制緩和を利用して、早速新しい施策を打ち出し、実験が行われている。
水辺が多い都市では、この制度を利用することで、博多の屋台街のような名所をつくって新しい賑わいを呼ぶことができるかもしれない。

新しい河川法で
こんなこともできるようになった

このテラスは合法です。

北浜テラス（大阪市）

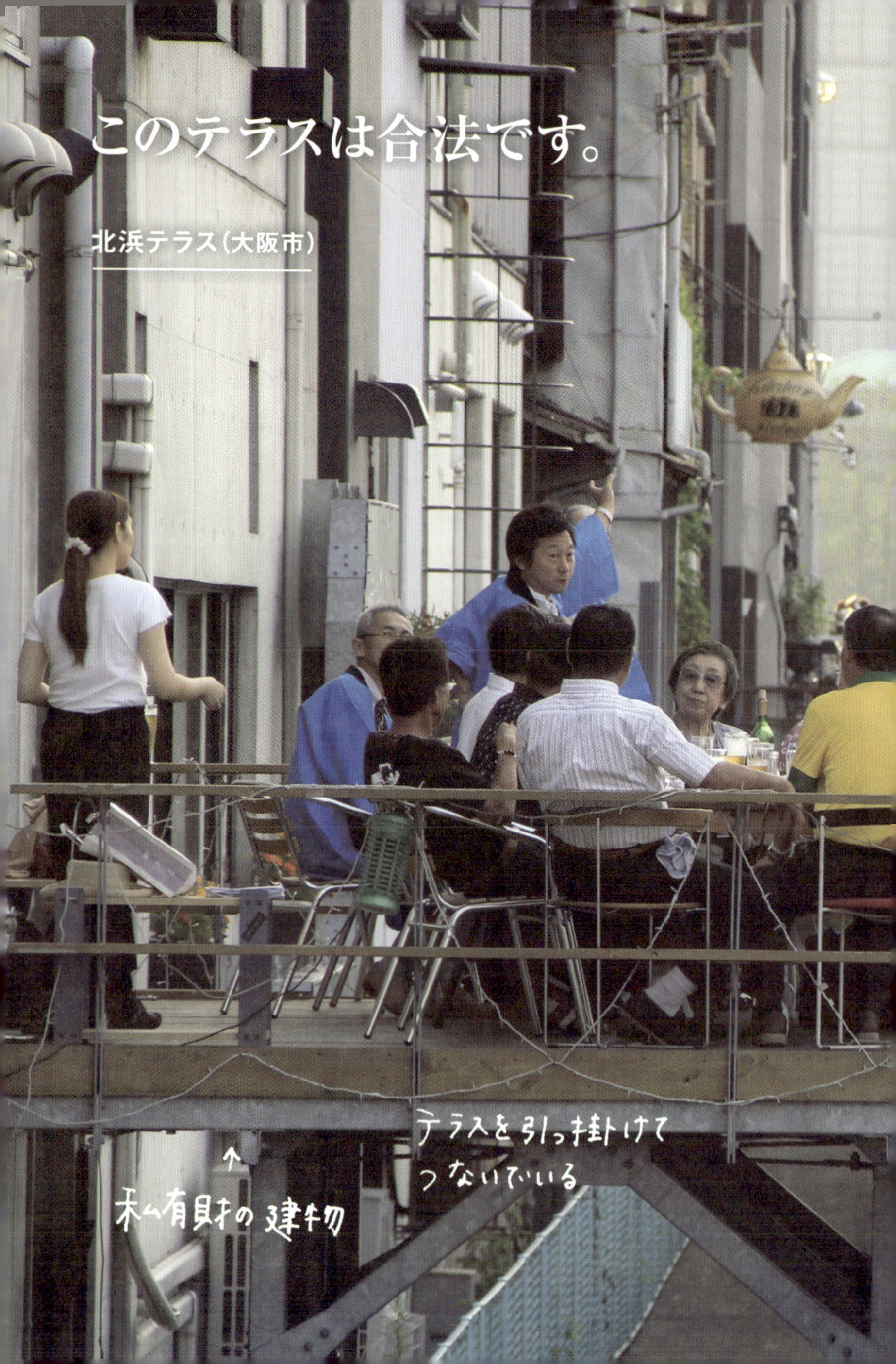
テラスを引っ掛けて
つないでいる
私有財の建物

社会実験が可能にした、
小さいけれど大きな意味を持つテラス。

何気ない風景のように見えて、この写真は水辺開放を象徴している。
私有地に設置したテラスが、公共財の堤防の上まで伸びているからだ。
最近まで、この空間をカフェの一部として営業することは、正式には違法だった。しかし社会実験の一環として、私有地と公共の河川空間をつなぐ場の有効活用が提案され、それを実現している。社会的なコンセンサスが得られれば、決められたエリアにおいてこのような活動が可能となる。
こんな気持ちよさそうな場所が、都市のなかにどんどんできてほしい。

公共財の護岸

北浜テラスにおける成功の構造とプロセス。

前例のない社会実験を動かした組織。

北浜テラスは大阪中之島を対岸に眺める土佐堀川左岸北浜地区にある。

河川法では河川敷地で飲食施設等の営利利用・常時占用を許可していない。北浜テラスの実現には、河川沿いのビルや店舗のオーナーとNPO団体が河川に背を向けたビルにテラスを設ける絵を描くところから始まっている。

2007〜2008年頃、NPO法人水辺のまち再生プロジェクト、NPO法人もうひとつの旅クラブらが、河川沿いのビルオーナーと河川管理者に実現へ向けた相談を持ちかける。NPO、オーナー両者の思いは一致する。ビルオーナー、NPOチームがそれぞれ工事用足場を利用して川床の可能性を模索、検証する。このような自発的な実験を経ることで、プロジェクトは大きく動く。

北浜テラス実行委員会を店舗オーナー、ビルオーナー、NPOらで組織し、プロジェクトの主体とした。2008年当時、大阪府・大阪市・経済界が水辺を活性化する政策「水都大阪」を進めていた。そこで、北浜テラスを実現するために、北浜テラス実行委員会と水都大阪2009実行委員会の間で協力体制が組まれた。組織同士が連携する体制にしたことが重要だ。

これにより、2008年、2009年の二度にわたる社会実験と水都大阪2009での実施を経て、河川敷地の包括占用主体として、北浜テラス実行委員会のメンバーを中心に任意団体「北浜水辺協議会」が発足し、現在に至っている。

北浜テラスから学べるのは、実行者であるビルオーナー、店舗オーナー、サポート役のNPO、管理者の行政、四者のベクトルを合わせるプロセスと組織のつくり方。このプロジェクトがきっかけとなり、このエリアに新しい店が増え、大阪の新たな名所の一つとして育っている。

【民間サイド】

実行者
ビルオーナー
店舗オーナー

＋

サポートするNPO
NPO法人水辺のまち再生プロジェクト
NPO法人もうひとつの旅クラブ
omp川床研究会

共同で自発的実験

▼

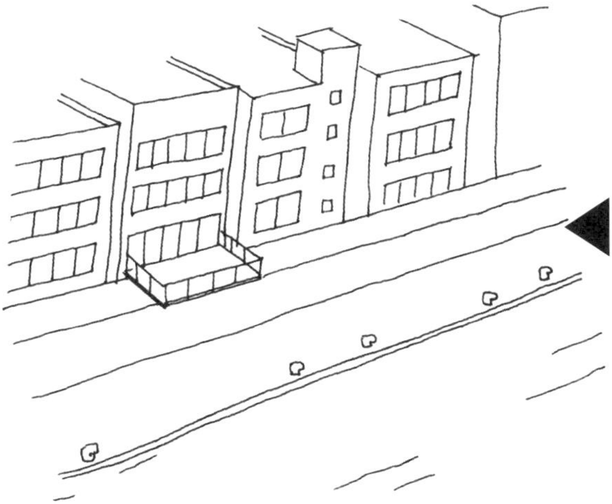

◀ **河川法の改正**

▲

社会実験

管理者
大阪府西大阪治水事務所

＋

行政のサポート組織
水都大阪2009実行委員会
（大阪府・大阪市・経済界からなる組織）

【行政サイド】

OKI

私たちは水辺を自由に使えない、それはなぜ？

BOAT PEOPLE Association

ボートピープル、水辺開放へのトライ&エラー。

ボートピープル、正確にはBOAT PEOPLE Associationは、2004年にアート、建築、都市計画、地域交流などの分野で活動するメンバーによって結成されたグループ。現在のメンバーは井出玄一、岩本唯史、山崎博史、墨屋宏明、山口雄司の5名。活動のテーマは都市に新しい「水上経験」をつくること。

チームが形成された経緯は、2000〜2001年、井出玄一が仲間と芝浦の運河で経営していた水上バー「L.O.B.」に遡る。偶然、僕も客として行ったことがある。不法係留したバージ船を改装したバーは、アンダーグラウンド感たっぷりで、その自由な空気は今でもよく覚えている。スクウォッタリング（不法占拠）だったそのバーは継続できず、その自由が許されない「水辺」の在り方に対する問題提起を、あえて合法的に打ち出そうとしているのが彼らだ。

彼らの活動は、水辺の可能性と困難を同時に浮かび上がらせる行為となっていて、それが興味深い。深入りすればするほど、水辺や水上を利用することの難しさと開放が進まない理由が明らかになっていく。複雑に分割された管理者、がんじがらめの法律、時に不可解な既得権…。ボートピープルの活動の歴史は都市のアンタッチャブルな深みにはまっていく物語のようだ。

彼らの試みは、さまざまな方法で都市水面に触れる機会をつくり、使い方の可能性を多くの他者と共有していくこと。それはアートや建築としての問いかけでもあり、地域の人々とのワークショップ、防災意識を高める訓練だったり。その試行錯誤のなかから、水辺開放のための具体的な方法が見えてくる。

ボートピープルが
水辺に挑んだ軌跡。

LIFE ON BOARDでの気づき。

都心に新しい水上経験を提案する活動「LIFE ON BOARD」。活動を通して見えてきたことは、都市の空白地帯だと思っていた空間は、実は見えない線でがんじがらめになっていた。

水辺の認識

●キャナル・クルージングマップ
2004年、品川区・港区の水辺を対象としたマップづくり。水辺に触れる機会の少ない人々にマップづくりの機会を提供することで、具体的な親しみや経験をつくる。参加者を水辺開放の共犯者にしていく企み。

水辺の経験

●日常的河川クルージング／E-Boating Party
当然と言えば当然だが、川や港湾の通行には特別な許可は必要ない。簡単な船舶の免許があればいいし、動力がついていなければ免許すらいらない。道路とほとんど同じ感覚で往来できる。意外かもしれないが、都市の水面は自由なのだ。しかし乗り降りする場所が自由でない。私たちと水との精神的距離は遠い。都会で水の上に漕ぎ出そうという機会はめったにない。最近まで水路は重要な交通手段であり、河岸は交易の中心だった。僕らはもっと自由に、気楽に都市の水上を往来する。それを体験してもらうために手漕ぎボートで運河をめぐるE-Boating Partyを行った。

水辺との出会い

●ロンドン・テムズ川の水上生活者たち

ロンドンの中心を流れるテムズ川に水上生活者たちがいるのは知っているだろうか。スクウォッタリングしているわけではない。正式な行政手続きを踏んで合法的に水上生活を行っているのだ。この水上コミュニティ拠点は「ヘルミタージ・コミュニティ桟橋」と呼ばれている。

これを実現したのはアーティストでロンドン芸術大学教授のクリス・ウェンライトを中心とした建築家や弁護士などプロフェッショナルの集団。彼らの専門的な知識と交渉力、そして水上で自由な生活をしたいという強い思いがなければ実現しなかっただろう、とクリスは言う。

給排水や電気などは都市のインフラともつながっているが、切り離して出航することもできる。水上の自由と都市生活の両方を実現した風景だ。

●広島の水辺に手すりがない理由

広島では都市と水辺の間に手すりがない風景を見かける。多くの都市では安全のために水辺との境界に手すりが付けられる。しかし「雁木（がんぎ）」という広島に昔からあった文化的背景から、市民の感覚として手すりが必要とされなかった。それが広島の水辺カルチャーを活性化させている。

水辺からの発信

●横浜トリエンナーレ 2005

LOB13号としてバージ船を改修し出展した作品。船を買い、タグボートで船を移動する様子、ビニールハウスを建てる様子など過程も含めて作品として展示。

●防災+船+アート「BO菜」

バージ船を防災船へ活用するアイデア。非常時だけでなく日常の有効活用も含めた防災計画プロジェクト。

2010年に東京アートポイント計画のイベントとして「BO菜」のプロジェクトを実施。バージ船に東京湾の対岸で取れた野菜や海産物を載せて東京まで運搬する。参加者にサバイバルピクニックを体験してもらうことで、普段水辺になじみのない東京の生活者に水辺を楽しみながら防災の意識を高めるイベント。

屋形船をリノベーション。

屋形船を所有している会社とコラボレーション。

現在、屋形船では主に飲食が行われているが、その機能を拡張してみるのはどうだろうか。たとえばクラブやバーにしたり、オフィスや家、ホテルなど。
屋形船を運行する権利を新規に得ることは一般的に困難だと言われている。
だとするならば、屋形船の運行権を持っている会社や組合と共同して屋形船をリノベーション。新しい使い方を探してみるのはどうだろうか。しかし、屋形船の用途変更の手続きはどうすればいいのだろうか…?

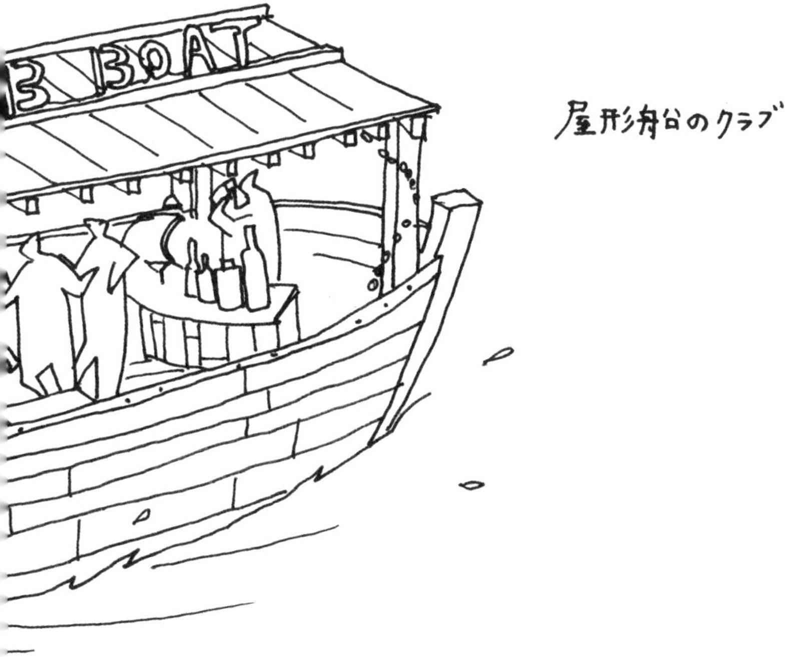

※屋形船を運行するには

屋形船の運航については、海上運送法上、不定期航路船という扱いとなり、釣り船などと同様に、農林水産省告示の遊漁船業の適正化に関する法律に基づき、遊漁船の登録が必要となる。

また、どんな航路で運航するかは各地の運輸局の許可を受ける必要がある。つまり、登録と運航の許可はそれぞれ異なる行政の窓口で行う必要があり、停泊する場所や乗り場には限りがあるため、新規参入が難しい状況と言われている。

学校を
リノベーション

少子化で余る学校を、どう使う?

教室、プール、体育館、運動場…。誰もが経験したことのある空間は、地域にとって大切な資産だ。
今、少子化によって多くの学校が廃校になり、その有効な活用方法が模索されている。
学校は地域の拠点であるばかりか、思い出や記憶が詰まっている場でもある。それを継承しながら、どう使っていくか。学校ならではの新しい使い方があるはずだ。

阻害要因を排除すれば、学校は新しい機能を発揮しはじめる。

地域の記憶を生かし続ける場所

学校は地域にとって特別な場所だ。それはコミュニティの中心であり、人々の思い出がたくさん交錯する場でもある。だからこそ学校の建物は、廃校になったからと潰すのではなく、その記憶を継承しながら、時代に適応した新しい何かにリノベーションしていくべき対象だ。

2011年現在、文部科学省のデータでは毎年500校前後が廃校になっている。今後もその件数は増加の一途をたどるだろう。廃校だけではなく既存の学校も、老朽化や生徒数の減少によって空間再編を余儀なくされている。老朽化の場合は構造補強が必要だし、生徒数の減少によって空間が余った場合は、その使い方を見直さなくてはならない。学校をどうリノベーションするかは、その後の地域文化に大きな影響を与えることになる。

魅力的な空間資産を活かそう

学校には魅力的な空間素材が眠っている。その代表がプールと体育館、そしてグラウンドだ。新築を建てようとする場合、こうした広い面積を有する空間を再び整備するのは困難だろう。維持管理コストの障害はあるが、学校再生ではこの資産の魅力を最大化したい。

ポイントは、運営体制をどう構築するか。ボリュームのある空間を運営管理することは人手とコストがかかる。それをどのようなスキームでカバーするか。

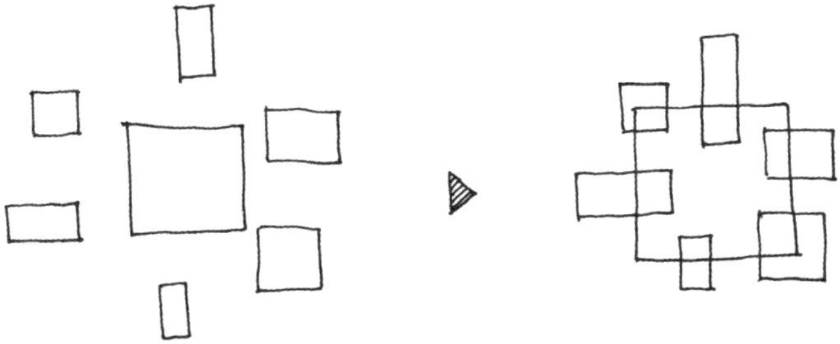

空間を経営する感覚が不可欠になってくる。

そこはまだ未成熟で、今後、経営や組織形態の新たな構築が求められるだろう。ファンドや小規模のPPP（官民連携、パブリック・プライベート・パートナーシップ）などによって、そのブレイクスルーを発見することが、学校リノベーションの活性化につながっていく。

公益性と収益性のバランスをいかにとるか

また制度的な課題として、比較的新しい学校が廃校になった場合、施設の一部がまだ償却期間を終えていないこともある。学校は公債でつくられていることも多いので、その場合、用途変更に対し制限がかかることもある。これは規制緩和でクリアしていくしかない。

また民間資本をどれだけ公共性の高い学校空間に入れるべきなのか、地域の公共財を特定の企業が管理運営していいのか、という議論もある。公益性と収益性のバランスの問題は、常につきまとう。

しかし、その議論こそ、この本で問いたい本質でもある。放置しておけば廃墟になってしまう地域の貴重な資産を、適切なリスクと適切なリターンで引き受ける民間資本があってこそ、地域は活性化するはずだ。そのような社会的立ち位置の企業と行政、そして市民をつなげるような組織によって運営される学校空間に、新しいパブリックの姿を見る。

P.S.1
THE INSTITUTE FOR CONTEMPORARY ART
NO PARKING ANYTIME
MoMA members receive
admission to Warm Up.
Olafur Eliasson

ニューヨークのアートと地域を変えた、小学校のリノベーション。

P.S.1（ニューヨーク）

廃校再生が寂れた地域に与えたインパクト。

P.S.1は、かつてニューヨークのなかでもイーストリバーの向こう側の地味な場所でしかなかった。しかしここそが、廃校利用の先駆けのプロジェクトとして世界に大きな影響を与えることになる。

子連れの家族やカップルで賑わう現在のP.S.1を訪れると、現代美術がいかにこの街の人々に幅広く受け入れられているか、この場所がオープンから30年以上の時間をかけ、地域で愛される存在となったかがよくわかる。シティバンク本社やニューヨーク近代美術館などアメリカを代表する企業や文化施設をこの地域に引き寄せてしまうほど、P.S.1は存在感を放っている。

廃校となったPublic School 1（第一小学校）の校舎が転用されたギャラリーへは、かつて校庭だった広場を突っ切って辿り着く。この広場では毎夏、若手建築家によるインスタレーションが登場する。ギャラリーは学校空間をそのまま活かした構成で、そっけないほどの造りとだだっ広さが若手のアーティストを刺激している。アーティストたちは壁や床に穴をあけ、ペンキをぶちまけても文句を言われない。施設内にはアーティスト・イン・レジデンスのスタジオもあり、多くの若いアーティストたちがここから巣立っていった。

このP.S.1は、廃校が現代美術のギャラリーやアトリエとしてうってつけであることを示した。この動きは世界に広がっていく。かつて学校であったというコンテクストはアーティストの創造力をかき立てるようだ。学校の再生がアートシーンと街の再生の両方を牽引した、記念碑的な事例だ。

少子化で生まれた余裕教室、どう使うか？

手続きが緩和され、廃校は転用しやすくなった。

「余裕教室」という言葉を知っているだろうか。

少子化に伴う生徒数の減少により余ってしまう教室のことだ。今後は増加する一方で、その有効な活用方法が課題となっている。空いたまま放置し続けることは教育環境にとって望ましくはない。

同時に学校には、さまざまな世代が思い出を共有できるという意味で、他の施設にはない特別な価値がある。そのコンテクストがあるから、卒業した市民も集まりやすい。人はかつて経験した空間に愛着があり、使いやすいからだ。

その余裕教室を地域に開こうという動きが始まっている。公立学校のように補助金で建てられた施設を、学校教育以外へ転用したりすることには、今まで高いハードルが設けられていた。建設した補助金の一部を国に返還しなければ、用途を変えることができなかった（補助金等に係る予算の執行の適正化に関する法律）。

しかし、制度の弾力化でそれが可能となった。一定の条件を満たせば、国庫納付を必要とせず、報告書の提出で手続きが可能になったのだ。

学校の部分的な開放は、今後さまざまな可能性が模索されていくだろう。

余裕教室とは？

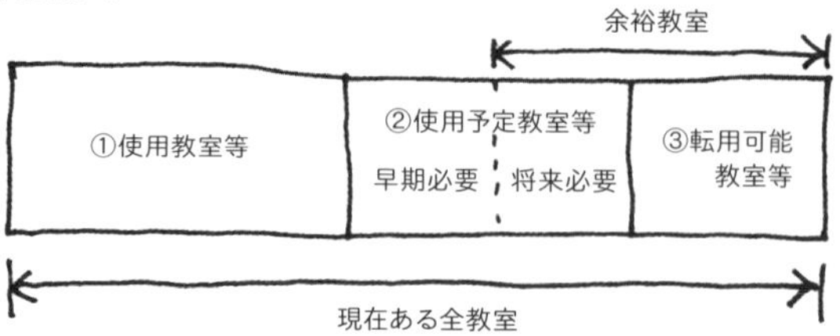

学校転用の手続き

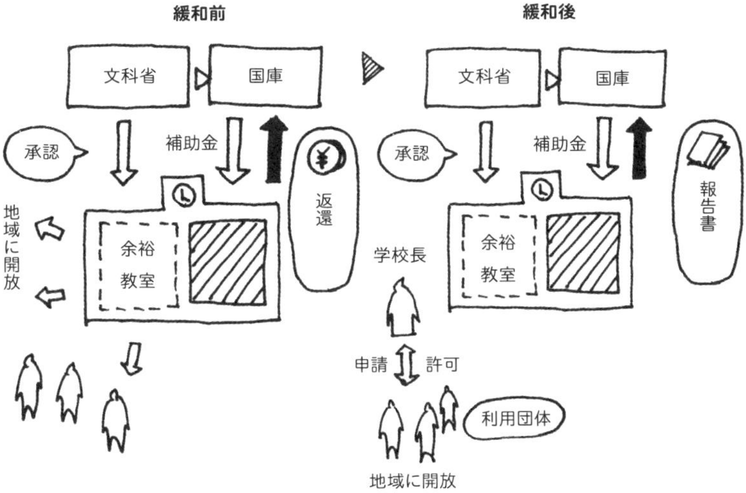

学校活用のために知っておきたい二つのキーワードカード

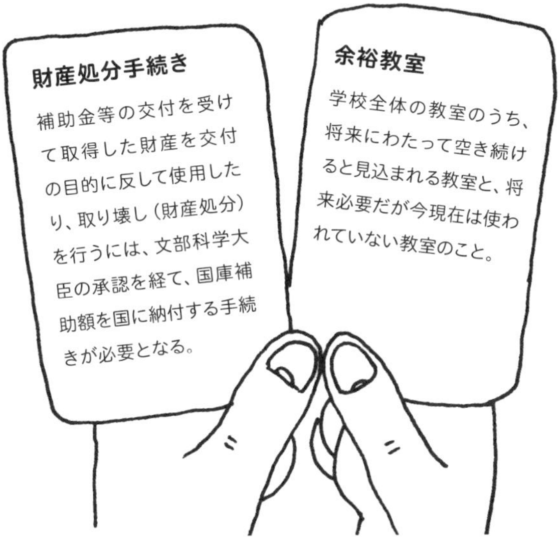

財産処分手続き
補助金等の交付を受けて取得した財産を交付の目的に反して使用したり、取り壊し(財産処分)を行うには、文部科学大臣の承認を経て、国庫補助額を国に納付する手続きが必要となる。
余裕教室
学校全体の教室のうち、将来にわたって空き続けると見込まれる教室と、将来必要だが今現在は使われていない教室のこと。

学校の余白を地域に開放、閉ざさず開くことで、子どもを守る。

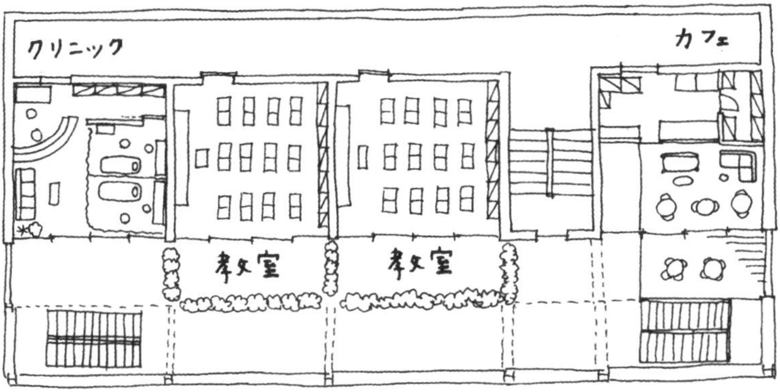

耐震補強に合わせて
新しい動線をつくる

子どもだけでなく、大人も通う学校へ。

少子化に伴い、余裕教室は増えていく。空けて放置しておくことが教育にいい影響を与えるとは思えない。そこで、余裕教室を地域活動に開放してみる。たとえば、授業が行われているそばで、小さな市民美術館が営まれていたり、ワークショップが開催されていたり。大人たちが一生懸命に何かに取り組む姿が身近にあるのは、子どもにとってもいい刺激になるのではないだろうか。
もちろんセキュリティの問題には対処しなければならないだろう。たとえば、構造補強と同時に外部用の動線をつくり、教室と余裕教室を分けてお互いの距離感を保ち、空間を有効に使う。
閉ざすことで学校を守るのではなく、開くことで地域の大人たちの目が届く空間構成も可能だろう。

学校をオフィスに。

プールと体育館が、その付加価値を高める。

体育館とプールは学生時代の思い出を共有しやすいかけがえのない空間だ。さらに学校というビルディングタイプ以外ではまず存在しない大空間である。そこで、校舎と同じく、プールもオフィスとして貸し出す。働いている人たち全員で夏の初めに掃除をして、水道代は分担するなど、システムも工夫する。ルールの再設定で使わなくなったプールや体育館を復活させることが可能だ。そんな付加価値がつけば、学校のリノベーションは人気のワークスペースに変わるだろう。

隣の公園とつなぐことで、街に開かれた、かつての中学校。

アーツ千代田3331(東京都神田)

ハードは大らかに、運営は緻密に。

秋葉原に近い「アーツ千代田3331」は練成中学校をリノベーションし、隣接する公園とつなげた空間。地域に開かれた新しいアートセンターとして2010年にオープンした。

話題の企画展を次々に仕掛けるギャラリーを中心に、公園に面した1階にカフェ、イベントスペースが配置されている。2階から3階にかけては、アーティストやデザイナーのアトリエやベンチャー企業などバラエティに富んだ組織が入居している。

特筆すべきは、実現までのプロセスや運営・マネジメント形態。アーティストによる、アーティストと市民のための施設は、いかに街に開かれたのか?

この広い階段で
学校と公園をつなげている

公園では、3331と一体化したイベントや
地域の祭りなども行われる

アーティストの、
アーティストによる、
アーティストと市民のための
空間運営。

自由なアート活動と自律的な施設運営を両立させるしくみ。

アーツ千代田3331は、旧千代田区立練成中学校を利用したアートセンター。地下1階、地上3階の建物に、ギャラリー、オフィス、カフェなどが入居している。

施設の改修や運営は、千代田区が行った公募により選定された運営団体、有限責任会社コマンドAが行っている。千代田区からコマンドAが学校をまるごと借り受けて、それをテナントに賃貸しながら、ギャラリーやイベントスペースを自主運営している。余った学校建築の施設運営を行政が民間に一括委託した事例。契約期間は5年。

コマンドAは、アーティストの中村政人が中心となり1998年から続けてきたアーティストによる組織コマンドNを母体に、建築・都市プロデューサーの清水義次がマネジメントに参画して組成されている。アーティスト自身の手によって運営が行われているのが特徴である。

現在、コマンドNは一般社団法人化し、新しい芸術表現を追求し続け、一方コマンドAは有限責任会社としてマネジメントを行っている。役割分担することで、表現と運営を両立させ、活動の自律性を維持している。

アーツ千代田3331では地域にアートシーンをつくっていくとともに、施設を市民に開いていくことも意識されている。隣の公園と1階のカフェ、フリースペースが空間的につながっていて、一体となった利用が行われている。学校

アーツ千代田 3331の運営構造

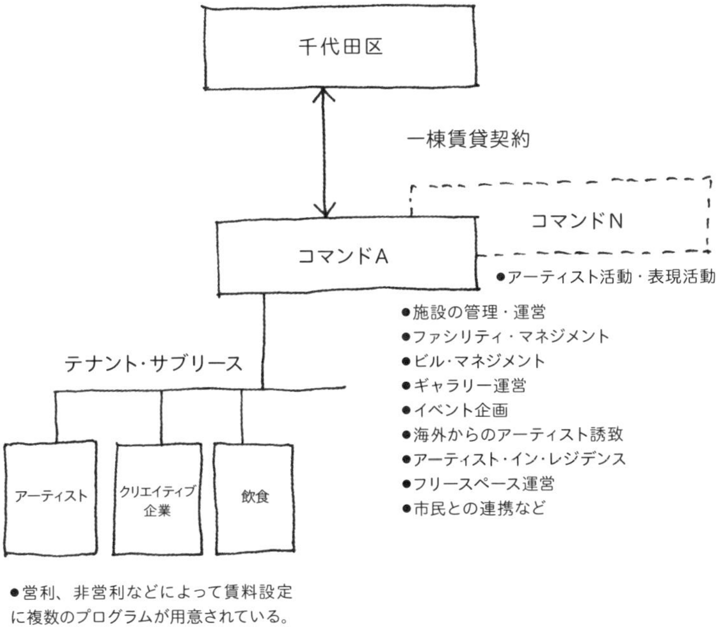

と同時に隣の公園も一緒に再生していることになる。ここでは盆踊りなどの行事も行われ、街や市民との関係性を構築するオープンスペースとして機能している。

また、この施設が中心となり、周辺は少しずつアート、クリエイティブ層の集積が始まっている。学校のリノベーションが、アートシーンと地域の風景を変えようとしている。

INTERVIEW

清水義次

聞き手：馬場正尊

アートやデザインを核とした施設を、自律的に経営できる組織と体制のつくりかた。

中学校をリノベーションし、隣接する公園とつなげた「アーツ千代田3331」。地域に開かれた新しいアートセンターが誕生し、2010年のオープンから2012年までの3年間で174万人の来館者を集めている。この成功は、そこで行われる芸術活動だけでなく、それを下支えするマネジメントがあったからだ。
補助金頼みではない、表現の独立性と自由を担保するためには、それを継続するための環境と体制、そして経営が不可欠になる。マネジメントなしにアートもデザインも成立しない。
あまり語られないアートスペース経営の舞台裏と、それを構築するまでの試行錯誤を、企画立案から関わり、現在この空間を運営する「コマンドA」代表の清水義次に聞いた。

廃校をアート活動の拠点にするプロジェクトのスタート

——清水さんは、どのようにアーツ千代田3331のマネジメントに関わるようになったのですか？

活動内容と経済性のバランスを求めたコンペ

アーツ千代田3331は、廃校を活用したオルタナティブなアートセンターです。

千代田区が開催した提案コンペに参加し、隣接する練成公園と旧練成中学校を大きなテラス階段でつなぎ、のびのびとした公共施設をつくりました。

2010年6月に全館オープンし、アート好きはもとより、老若男女、ビジネスマンからベビーカーを押しながらの若いママたちまで、本当にいろんな方々が訪れてくれているのも大きな特徴です。美術展、ダンス・演劇の公演、アートフェア、シンポジウム、ワークショップ、コミュニティアート活動、料理イベント、スクールなど、あらゆるジャンルのアート活動およびコミュニティ活動の舞台として、街に根づいています。

この学校が閉校になったのは2005年。ちょうど、僕や馬場さんがCET（セントラルイースト東京）のイベントを神田や日本橋で始めたころです。千代田区が「ちよだアートスクエア構想」を検討する有識者委員会を立ち上げ、廃校をアート活動の拠点にする検討が重ねられました。それを経て、2007〜2008年に「ちよだアートスクエア構想」を実現するための事業提案コンペ（公開）が行われました。そのコンペには30社くらいの参加表明があったようです。

コンペで求められたのは、アートを主体とする活動の内容、施設の使い方、そして年間に支払える家賃まで含めた提案でした。活動内容と経済性の両方について選考委員が総合的に評価をして順位を決めるというコンペだったのです。

このコンペの応募にあたって、東京藝術大学の中村政人さんが僕のところに相談に来ました。彼は「コマンドN」というアートNPO（後に一般社団法人化）を率いて「秋葉原TV」「スキマプロジェクト」などのアートプロジェクトを秋葉原をフィールドにして長年行ってきたので、このエリアに馴染みがあるのです。

中村さんがある日、「清水さん一緒にやってくれ。アート活動はやりたいことがあるし、ネットワークもあるけれど、事業経営の部分が自分たちにはまったくわからない。手助けしてほしい」と言ってきました。提案書の作成やプレゼンテーションは自分がやるから、面接で事業計画や経営について質問されたときに答えてもらえないかと、僕は頼まれました。僕は中村さんを信頼しているし、彼と僕のやろうとしていることは重なっていました。志は同じ方向を向いていたので引き受けました。

アート活動のプレゼンは中村さんが滔々とやりました。すると選考委員が口々に「ところで経営はどうするんだ」「お金はいくら用意して経営するつもりなのか」と、たたみかけてきました。僕は、今までいろいろな事業を行ってきた経験に基づくアドリブで答えました。

瞬間的に頭を働かせて話したポイントは4点でした。

・契約期間が5年間だったので、それで回収可能な投資しかできない。

・よって資本金は3000万円くらいが適切だろう。

・いかに軽いリノベーションで、初期投資を抑えるかが勝負。

・きちんとした経営とアート活動を両立し、地域にも開く体制が必要。

こういうプレゼンをしたら、僕らの提案が一席に選ばれて、このプロジェクトが実行されることになったわけです。

運営母体の会社と資本金をつくる

契約後、「清水さんがコンペで説明した3000万円の資本金の現金の証拠を見せてくれ」と、千代田区から言われました。もちろんすぐに、中村さんと僕で資本金をいろんな方法で集め、加えて銀行から1500万円を借り入れて、4500万円の資金で事業をスタートさせました。

運営組織としては、アート活動を主体とした一般社団法人「コマンドN」と、新しく事業や経営、施設運営をするために「コマンドA」というLLC（有限責任会社／Limited Liability Company）*をつくり、そこを経営母体にしました。

NPOや株式会社ではなくLLCにしたのには理由があります。その当時から

NPOは怪しいという話が語られ始めていました。ほとんどのNPOは健全なのですが、時々NPOという名前を付けてよからぬことをする組織が出てきた時期でした。株式会社でもよかったのですが、アートの活動を株式会社でやると違和感が残るのでLLCにしました。しかし実際は株式会社とあまり変わりません。中村さんを社長にしようと思っていたら、彼が国立大学の先生で、制度上、株式会社の社長にできなかった。結局、僕がコマンドAの代表になったわけです。

＊有限責任会社／Limited Liability Company：会社法が規定する持分会社のうち、有限責任の社員（出資者）だけからなる合同会社のことを指す。対外的には、株式会社と同様に取り扱われるが、対内的には、民法上の組合に類似する会社。専門知識やノウハウを持った少数の出資者で構成され、その全員が経営に関与することができる。

アーティストが、アート活動と施設運営を両立するしくみ

——コマンドAとコマンドNの役割分担を教えて下さい。

ストックの利活用にはしっかりしたコンテンツとマネジメントが必要

3331のマネジメント組織の運営スタッフのほとんどが、コマンドNの出身者、すなわちアーティストなのです。今まで十数年間、アーティストとして活動しながら、何かの仕事をしてお金を細々と稼ぎ、なおかつコマンドNの活動を一緒にやってきた人たちが、コマンドAに移籍し施設の運営を担っていくことになったわけです。

コマンドNのアート活動とコマンドAのマネジメント活動をどう線引きするかが重要になりました。もちろん経理は完全に分離して行っています。

コマンドAは、イギリスのまちづくり会社と同じような形態をとろうと思っていました。参考にしたのは西山康雄先生の本『イギリスのガバナンス型まちづ

くり』(学芸出版社)です。

公共の資産で遊休化したものをしっかりした市民団体が管理運営して、そこから利潤を生みだし、それを再び活動に還元していく。3331の場合で言うと、企画展などのアート・文化・コミュニティ活動に投入するしくみにすべきだと考えました。

3331のしくみを簡単に説明すると、まず千代田区に家賃を払います。最初1年間は安くしてもらいましたが、2年目からは結構な金額を払っています。そこから先は、我々の不動産管理運営のスキル次第で収益を上げ、それを活動に還元していくわけです。

ただし、これには制約があります。テナントは、アート、デザイン、まちづくりの分野にほぼ限定しています。さらにそれぞれの団体・事業者によって、収益が上がりやすい、すなわち家賃を払える普通の企業活動を行っている組織と、収益を生みだしにくい文化芸術活動のみ行っている団体が混在することになります。どちらに偏っても施設として成立しません。

よって、活動の性格を三分類にして家賃を設定することになりました。

一分類:文化芸術活動を中心とし、ほとんど収益性が上がらない組織

二分類:アート、デザイン、カルチャーに関する文化芸術活動を行い、同時にある種の営業活動で収益を得ている組織

三分類:普通の企業活動を営んでいる組織

この分類によって、三段階の家賃を千代田区と相談した上で決めました。

入居者を決める際には、その組織の人々ときちんと面接をしました。最終的にそれらの組織や活動に関する資料を全部、千代田区に提出して決めました。かなり厳しい審査でしたが、公共財を使うわけなので、当然だと思います。

学校、公園という公共施設が余った時、そこに新しい魅力、社会にインパクトを与えるような街のコンテンツを入れ込むことが今、非常に大切になってきています。その際、税金に頼らず、民間で自立して持続的に遊休化した公共施設を活用し、地域のためになる活動をつくりだすことが重要です。施設管理および運営のための人件費(正社員、アルバイト含めて約25名)、光熱費、掃除費、水槽の点検やエアコンの故障などの設備メンテナンスなど、管理費用は結構かかります。アーティストやデザイナーたちは24時間活動しますから、光熱費

も普通の施設とは全然違います。
遊休化した施設を企画・運営しながら収益を生みだし、本来の目的である公共サービス機能をしっかり果たす。つまり、民間が経営するからといって、目的は儲けを生むことではなく、新たなアート、文化活動をつくりだすために資金を投じていくことが必要です。ビジネスの土台をきちんと築くことで、本来のアート、文化活動が安心して活発に展開できます。ストックの利活用には、しっかりしたコンテンツとしっかりしたマネジメントの両方が重要なのです。

アーティストが作品をつくりながら食べていける会社

コマンドAのスタッフに、どうマネジメント体制を構築してもらうかはとても苦労しました。アーティスト主体なので時間管理や金銭管理に慣れていません。チームワークをとることも苦手な人ばかり。面白くて凄い人たちなのですが、サラリーマンの人が普通にやれることができない。
でも、中村さんが特に意識していたことは、彼らをきちんと雇用して、ボランティアではなく仕事をしながら作品をつくる状況をつくることです。アート活動を目的とするコマンドNはボランティアベースでやっても構わない。しかし、コマンドAは組織コンセプトを切り替え、食べていけるだけの雇用を前提につくって、普通の会社を経営する人間の感覚で成立させようとしました。
絵を描く人、映像を撮る人、ぬいぐるみをつくる人、パフォーマンスをやる人、さまざまなタイプのアーティストが中村さんのもとに集まってきます。
僕はアーティストたちに「芸術活動を活発にしながら、マネジメントを覚えなければいけない」と言い続けてきました。そうしないと、せっかくの機会や才能が活きない。「アーティストは二足の草鞋(わらじ)を履け。それがこれからのアーティストだ」と。アーティストは純粋にアーティストだけを目指していく時代じゃないってことを、僕はこの機会に伝えたかった。アーティストも続けるべきだし、同時にきちんと給料を稼ぐ仕事も覚えた方がいい。3331では体験できることがたくさんあるはずだから。
こうしてしっかりした経営をしたら、初年度から利益が出ました。そしたら千代田区はすぐに家賃を上げてほしいと言ってきました。そこで僕は「ちょっと待って下さい。社長が言うのもなんですが、コマンドAのスタッフの人件費は、千代田区の職員の人件費のきっと半分以下ですよ。家賃より先に人件費を上げます」と、区を説得したのを覚えています。家賃はもちろん払えるだけお支払いしますということで、毎年きちんと事業収支を報告して、適正な金額をお支払いしています。

情報を共有するためのさまざまな工夫

いざ運営が始まると大変でした。会議をすると時間に来ない。会議のテーブルについても資料を用意していない。相互連絡がとれない。中村さんも困り果て「清水さん、なんとかしてください」と言ってきた。

それでまず着手したのがスケジュールの管理と共有。原始的なやり方をすることにしました。事務室の壁にいわゆるガントチャート（工程管理表）を貼り出したのです。どこからでも見えるようなでっかいものをつくり、2年間のスケジュールをすべて打ち出して、やるべきことを共有しました。

その次に着手したのは組織図の作成。スタッフの仕事の担当は決めているのですが、組織の概念をほとんど認識していない。だから彼ら自身で改めて組織図をつくらせました。やりたいことは山のようにあるので、組織図化すると、ものすごい兼職が多くなる。それを可視化してみたのです。

スケジュールと組織を可視化し、みんなで共有することから始めたわけですが、それでも最初はコミュニケーションの円滑化を図るのは難しかったですね。

——このようなオルタナティブなアートスペースを運営していくときに、必要な職能やキャラクターはどんなものですか？

まず大切なのは、「統括ディレクター」という、コンテンツに対するクオリティをチェックする人です。3331では中村政人さんです。その人の目利きとしての基準が大切です。持ち込み企画としてやっていいか、自主企画はどのようなものを行うかを判断しなければなりません。3331はオルタナティブアートスペースと謳っているので表現範囲は広いのです。そのトーンは大勢の人に任せるのではなく、1人の人に任せるのがよいでしょうね。

次に「キュレーター」。メインギャラリーでの企画をキュレーションする役割がすごく大事です。企画の立案ができ、アーティストともコミュニケーションがとれる人はなかなかいません。ここを中村さんがやりだすようになると活動が制限されてしまいます。アーティストを上手に立てたり引っ叩いたりしながら、うまく転がせる人でないと務まりません。アーティスト同士だと駄目です。

次に外部とつなぐ人、「コーディネーター／プロモーター」のような役割でしょうか。ギャラリーは自主企画だけではなく、外部の企画展示の場として会場費を稼いでいかなくてはなりません。だから企画を持ち込む人たちと話したり、外部に対して仕掛けを提案できる人が必要です。さまざまなタイプ、ジャンルに門戸を広げながらつきあえた方がいいですね。

次に、いわゆる「不動産としての施設のマネジメント」。テナントとの関係や

アーツ千代田 3331 のコミッション・ワーク・アーティストの１人、藤浩志氏による「かえっこバザール」は子どもたちに大人気

コマンドＡのスタッフたちのミーティング風景

ビル全体のメンテナンス、ビルオペレーションができる人。

それから「広報」。ウェブや冊子などの各種メディアをつくり発信する人。情報発信の編集責任者ですね。ものすごい量の情報を海外も含めて広報していきます。

さらに「展示設営」のスタッフ。フットワークよく空間をつくってくれるクリエイティブな大工さんのような役割。安くすばやく場をつくれる役割は貴重で、3331ではこうした人材が豊富で大きな強味になっています。

あと、外部の人がスペースを使う際のサポートスタッフが必要です。たとえば椅子、テーブル、スクリーン、プロジェクター、PA（音響設備）などを貸し出す「スペースレンタル担当」です。

また、3331ではアートスクール事業もやっているので、その「スクール担当」もいます。

それから「行政対応の担当」。行政や近隣対応に一役いりますね。地域のことは大事ですから。

3331では外国人の方が多く出入りするので、「英語が堪能な窓口」も設けています。アーティスト・イン・レジデンスなどもありますから、その職能がないとスムーズにコミュニケーションがとれません。海外との交流は今後もっと増えていくのではないでしょうか。

そして「コンシェルジュ」。ギャラリー運営の受付、不特定多数の来場者を的確に案内する総合窓口ですね。

そして大事なのが「経理」。ここがしっかりしていないと、あっという間に経営がめちゃくちゃになってしまいます。アーティストはお金に無頓着な人が多いから、半年前に終わったイベントの売り上げが袋に入ったまま置いてあるといったこともめずらしくありません。そういう状況を時に大らかに、時に厳しく接することができる人。

3331では年間に400くらいイベントをやっています。それが成り立ってるのは、このような役割をこなす裏方がいるからです。

でもこうした裏方のマネジメントの仕事だけにならないように、この3年間で1回は個展をやるようにスタッフには言っています。そこでアーティストとしてのクオリティを担保させなきゃいけない。こうしたマネジメントの仕事はアーティストの活動を支えるためにやっているわけですから、あくまで本末転倒にならないように注意しなくてはなりません。

「○○さんは自分の仕事をおろそかにして、制作の方にばかり頭が向いてい

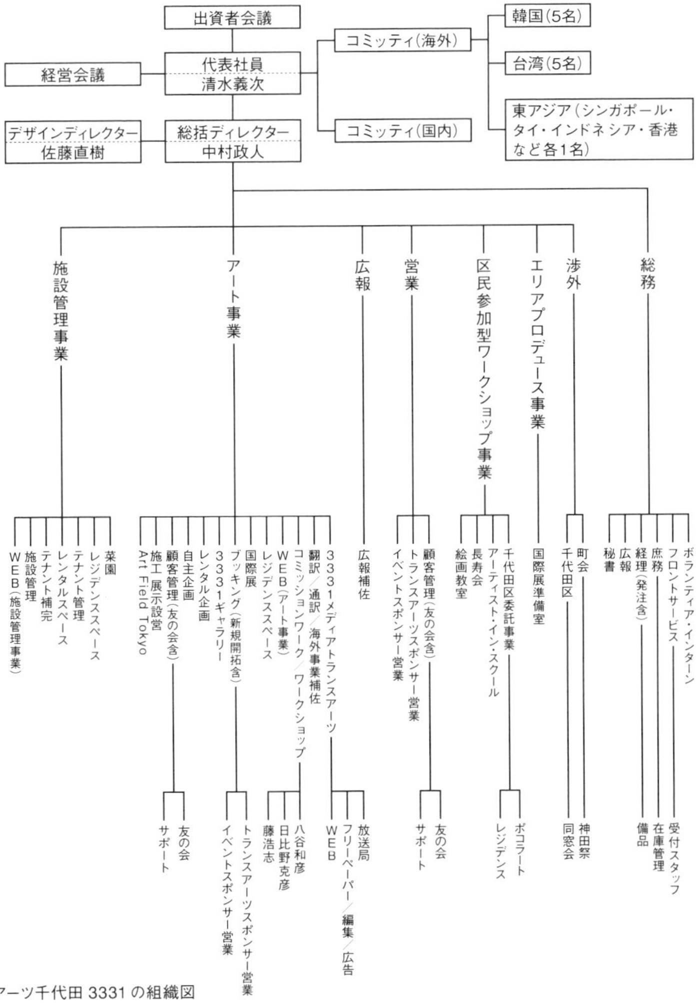

アーツ千代田 3331 の組織図

る」というような声も時々聞こえてきますが、「まあそう言わないで、自分も制作をやるときがあるんだから」といなしています。作品にとりかかると顔つきが変わるんですよね、アーティストは。あれは不思議ですね。

——率直な話、経営状況はどうですか？

作品をつくることと経営を維持すること

経理担当はいつもハラハラしながら、「このままいくと現金が足りなくなりますよ」と言ってきます。たとえば文部科学省が活動に対してサポートしてくれるとします。でも入金はその活動の後だったりするわけです。その時間差の資金運用を埋めるのが大変です。

アーティストが安心してのびのびと活動を行うためには、ベースにしっかりとした経営が必要です。僕は「社長を引き受けるんだったら、上手くできるかどうかわからないけれど、しっかりした経営を目指す。その代わりきついことも言うよ」と、最初から言ってきました。

予算の計画、年間通したキャッシュフローを経理担当と相談し、修正をかけながら見ていきます。この3年間、中村さん含めいろいろな人のスキルが上がりました。彼らはいったん覚えるとすごい。基礎能力はとても高い。もうしばらくしたら自立して自分たちでやっていける。

公共と民間がつながった空間だから起こったこと

2012年あたりからコミュニティアートを積極的に始めています。老人会に出かけていって切り絵をやると好評だったり、小学校と一緒に企画をやるとか。アバンギャルドなアートセンターを目指すと地域から浮いてしまうみたいです。少しベタなくらいに地域や区民に近づく企画も始めています。それもこの施設のミッションです。

3331をやってみてよかったことの一つに、公園と学校をつなげたことがあります。これは象徴的なことです。公共空間と民間管理の空間とがつながったわけです。境目のない、すてきな公共空間が生まれたと思います。

僕は店舗のことを「民間型公共施設」と呼んでいます。だって考えてみたら、店舗って、所有は民間の不動産であることが多く、運営も民間が管理している。物販店の場合、中に入ってぐるっと回って出てきても別に悪くない。縁側みたいな空間があって、オープンに歩道や公園とつながったりすると、そこにはシームレスな公共空間が形成される。公のパブリックスペースと民間のパブリックスペースがくっついている。これが豊かな都市空間、ストリートスケープを形成するのです。

3331とその前の練成公園の間には、学校と公園の敷地の見えない境界線があります。民間が運営する屋内型パブリックスペースと公共の屋外型パブリックスペースの連結がいい風景をつくっています。

僕は建築家・槇文彦さんの初期の生徒で、その授業で聴いたことを覚えています。槇さんは点描派のスーラの絵「グランド・ジャット島の日曜日の午後」を映しながら、都市のランドスケープについて話されました。人々が家族や友人と公園に出かけて、どの人も視線が違う方向を向いて公園の中で自然に混ざっている。それぞれが居場所をつくって共存している風景。これが都市における人間の風景だと。パリのリュクサンブール庭園の使い方は、まさにそうなのです。1人でも居場所がある、集団でも居場所がある。それこそが都市で人がコミュニケーションをしている風景です。

3331とその前の公園が、そんな場であってほしいと思っています。

今、これまでの地域の流れを変えるコンテンツによるまちづくりが、地域再生に必要となってきているのです。その際、学校は核になる場としてとても大切なところになるのではないでしょうか。

清水義次（しみず・よしつぐ）
建築・都市・地域再生プロデューサー／株式会社アフタヌーンソサエティ代表取締役。1949 年生まれ。東京大学工学部都市工学科卒業。マーケティング・コンサルタント会社を経て、1992 年株式会社アフタヌーンソサエティ設立。都市生活者の潜在意識の変化に根ざした建築のプロデュース、プロジェクトマネジメント、都市・地域再生プロデュースを行う。東京都神田、新宿歌舞伎町、北九州市小倉などで、遊休不動産を活用しエリア価値を向上させる家守ビジネスモデルを構築している。

ターミナルをリノベーション

最近、移動することが多くありませんか?

インターネットなどのコミュニケーションインフラが整うほど、物理的な移動機会が多くなっている。ネットでつながり、実際に会いに行くからだ。
コンパクトな日本は世界でもっとも洗練された交通網を持っている。その利点を活かせば、よりダイナミックな交流が可能なはず。私たちはそれを十分使いこなしているだろうか。

SEIYU SEIYU
ホテル ルートイン
2

移動から交流へ、ターミナルはコミュニケーションの結節点へ。

オープンスカイで地方空港にチャンス到来

たとえば地方空港を例にとってみよう。その存在が自治体の大きな財政的負担になっている。同時にそれは、よりダイナミックな交流の可能性を秘めている場でもある。だからかなり無理をして、今まで自治体は空港を整備し、維持してきた。

多くの地方空港が利用頻度が上がらず維持運営に苦しんでいる。一方、新幹線はもうすぐ北海道から鹿児島まで日本を縦断し、国内輸送という意味では飛行機の分が悪くなる一方だ。郊外にある空港は不便で、客足が身近な駅に向かってしまうのも無理はない。地方空港は立地計画に失敗したものばかりだ。利権政治のツケがまわってきている。

しかし悲観してばかりもいられないし、すでにあるものは使い倒すしかない。オープンスカイ(航空自由化)が、もしかすると地方空港に再生のチャンスをもたらすかもしれない。近年、自由化によって海外の格安航空会社(LCC)の日本参入が可能になった。運賃が長距離バスのようなLCCが日本の空に飛び始めた。今後、運賃は劇的に安くなることが予想される。実際、すでに国内線より国際線の方が運賃が安くなっている。EU諸国はロンドン―パリ間も数千円。日本の航空運賃の矛盾は明らかで、その是正は地方都市の将来に影

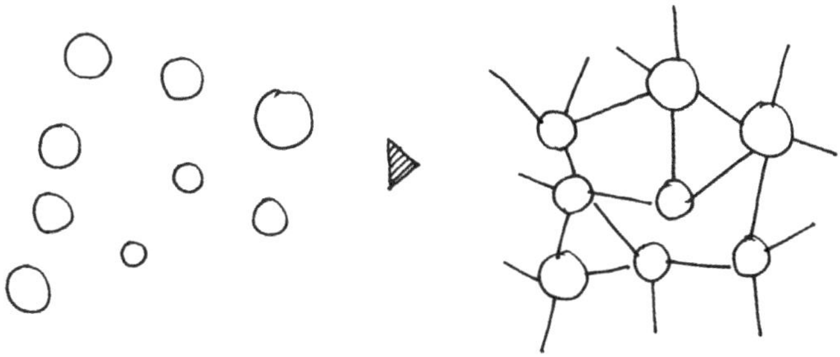

響を与えるだろう。日本だけが特殊だった航空事情が変わり始めている。それは地方空港に新しい可能性をもたらすだろう。

細やかな交通網が移動を変える

陸の交通にも変化が見られる。バスなどの地域密着型の交通機関は赤字が続いている。とくに自動車保有率の高い地方都市ではそれが顕著だ。逆に高齢化によって、車を持たない世帯に対する交通手段の欠落も問題になっている。

今後、飛行機同様にバスも小型化し、より軽快できめ細やかなサービスへと移行するだろう。モバイル技術の発達でミニバスが家のすぐ近くまで臨機応変に巡回する計画がなされている。マス・トランスファーからスマート・トランスファーへ、交通は移行しようとしている。

おのずと、その結節点であるバスターミナルや駅などの地域のハブ空間も変化していくだろう。交通の結節点を、コミュニケーションの結節点へ、飛行機、鉄道、バスなどさまざまなスケールの交通とそのターミナルをリノベーションしてみる。

Viva Brazil
6

ターミナルを制すものは、交流／コミュニケーションを制す。

チャンギ国際空港（シンガポール）

世界で都市化する空港、日本はどうする？

　この空港はもはや小さな都市である。

　シンガポールは自国の空港需要はさほど大きくない。よってここはトランジットに特化した空港で、東南アジア各国やオーストラリアなどを結ぶハブになっている。24時間オープンで、乗り継ぎ客がいかに待ち時間を快適に過ごせるかが重視されている。

　ターミナルにはホテルが内包され、シャワーやマッサージなどのリラクゼーション施設から、ビジネスセンターやミーティングスペースまで完備されている。ターミナルをつなぐ広く天井の高いコンコースには、ショップやエンタテイメント施設が並び、通りの所々にカフェが点在し、さまざまな人種が行き交う。窓の外に飛行機がなければ、街の風景そのもの。数日間は空港のなかで楽しく過ごせそうだ。チャンギ国際空港は、シンガポールという都市国家のアイデンティティを象徴する場となっている。

　世界的な交通網の発達で、ハブ空港の重要性はさらに高まる。韓国の仁川（インチョン）国際空港、香港国際空港などとアジアの覇権を争っている。残念ながら日本の国際空港の存在感は薄れるばかりだ。

　今後、ハブ空港はそれ自体が都市化し、そこで流通する情報、落とされる資本の総量は増大する。ターミナルは単に飛行機の離発着場ではなく、その国の姿勢を表現する場になる。

地方空港をショッピングセンターと合体してみる。

飛行機を眺めながら
家族でディナー
WATCH
COFFE
ショッピングセンター
まちのエアポートに
日常の用事を組み込んでみる

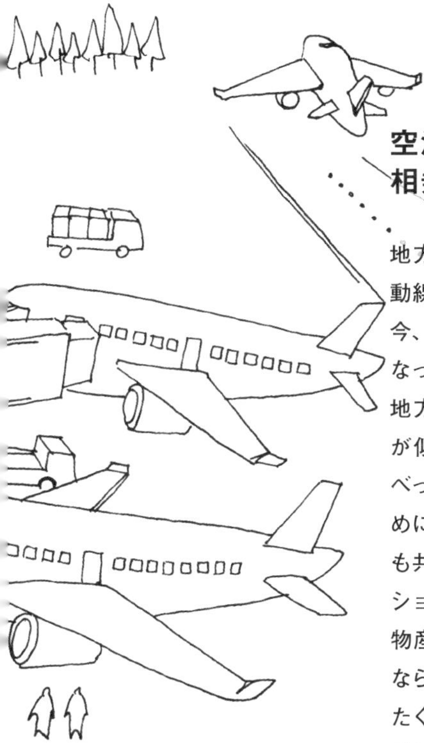

空港とショッピングセンターの相乗効果を狙う。

地方空港を再生する方法は、その存在を日常動線の中に組み込むこと。
今、地方空港は市民にとっては特別な場所になってしまっており、郊外で孤立している。
地方空港とショッピングセンターは必要条件が似ている。大きな駐車場、広い敷地、低くべったりとした建物…。自治体は空港再生のためにショッピングセンターを誘致する。駐車場も共有できるし、免税店の運営も任せられる。
ショッピングセンターには地方特有の食材や物産が豊富で、仮に運賃が海外並みに数千円なら、首都圏や海外から飛んで買い物にも行きたくなる。おいしいものを食べたり買ったりできる空港は、それだけでも目的地になりえる。
ショッピングセンターだけでなく、スパ、ゴルフ場、ショールーム…。空港と相性のいい機能は他にも考えられる。それらを複合させ、空港を家族が1日過ごせる場所にする。非日常から日常へ、空港に行くことが特別でなくなる。

コンパクトな国土を楽しむ、移動の意識をリノベーション。

羽田発深夜便で、都市と地方の両方を楽しむ生活は可能？

ハードとしての空港をリノベーションするのと並行し、空港を使うこと、空の移動に対する意識を問い直してみたい。それは空路を日常移動の脚として捉えてみようということだ。

日本の国土は小さいが、南北に長く、地域によって多彩な風土を持っている。空の移動を使いこなせば、私たちはその豊かさを享受することができる。しかし今まで、航空運賃の高さがそれを阻害してきた。

今、オープンエアによって数多くのLCCが参入し、世界でもっとも高かった日本の航空運賃が欧米、アジア諸国並みになり、まさに航空移動変革の時を迎えている。

たとえば、羽田空港の拡張と深夜便の就航は、東京と地方や海外との関係を変えるかもしれない。それを実感する出来事を経験した。

金曜日の夜9時過ぎに、「今から沖縄に来ない?」と、旅行中の妻からのメールを着信した。「何をふざけたことを」と無視しようとした瞬間、矢継ぎ早に続きのメールが届いた。「0:20羽田発、スカイマーク」。那覇着は2:50、真夜中だ。羽田が24時間運用になり、こうした時間帯のフライトが可能になったのだ。事務所を10時過ぎに出て、そのまま深夜の羽田空港に直行し、機内では爆睡。翌朝、寝不足の目をこすりながら、朝9時発の慶良間諸島行きの高速船に乗り、10時には離島の真っ青な海と空の下、ガジュマルが日陰をつくる海辺に立っていた。翌日の夕方まで島で過ごし、日曜夜の便で羽田に戻る。

1日も会社を休まず、心の準備もまったくなく過ごした充実の週末。

小さな日本で、都市と自然を行き来する新しい時間の使い方を発見できる旅の可能性は、今後さらに広がるだろう。

鉄道高架を公園に、草の根運動が都市計画に発展。

ハイライン(ニューヨーク)

Friends of the High Line運動が注目を集めた理由。

ハイラインとは、ニューヨーク・マンハッタンのウエストサイド、M.P.D.(Meat Packing District)付近にある高架貨物線跡を空中緑道として再利用した長さ1.6kmの公園である。かつてこのエリアが食品・繊維製造業の拠点だった頃の遺産である。

1980年に鉄道は廃棄されたが、高架はそのまま取り残されていた。高架の上は雑草が生い茂り、日の当たらない高架下は犯罪の温床となり、エリアのイメージを悪くしていた。1994年に治安回復と開発による街の再生を目指すジュリアーニ市長の就任により、鉄道跡地は取り壊しがほぼ決まったが、一方で存続を訴える運動が始まった。

存続・再利用のきっかけは「Friends of the High Line」という地元住民が提示した、高架を公園化するアイデア。設計プランの作成やイベントを通じ、メディアや政治家が注目し、活動を支持したブルームバーグ氏が市長となったことで、2002年に取り壊しは撤回。プロジェクトが動き始める。

90年代後半からこのM.P.D.にクリエーターやギャラリーが移動してきた。Friends of the High Line運動はこのような層に支持を受け、広がっていく。

現在、ニューヨーク市はハイラインを観光資源とする政策を打ち出し、レストラン、バー、ホテルなど民間レベルでも投資が進む。

ニューヨークは小さなアイデアを市民運動の初速を利用しながら、一気に大きな都市計画へと切り替えていくコツのようなものを掴んでいる街だ。

回送車
市営バス
800
4
回送車
市営バス

地方のバスターミナルを交流の結節点へ。

大型輸送から小回り輸送へ、これからのバスターミナルとは?

バスターミナルを利用している人々を観察すると、明快なセグメント(集団)がある。それは車を持たない、そして乗れない人々。すなわち若者と高齢者だ。その利用者層を意識したとき、バスターミナルの新しい可能性に気がつく。

今までのバスターミナルは交通の結節点だった。あるらゆる人がそこへ来て、またどこかへ行く、そのための機能空間だったが、これからのバスターミナルは交流の結節点として捉え直すことができるのではないか。

高齢化が進む地方都市では、今後、小回りのきく移動手段としてバスが再認識されるはずだ。大きめのワゴンのような乗合いバスがフットワークよく走り、家の近くまで高齢者を迎えに行くようなサービスが模索されている。東京では渋谷区の「ハチ公バス」、港区の「ちぃばす」のようなコミュニティバスが市民権を得ている。バスは大型輸送だけではなく、小さく細かい移動へもシフトしていくのではないだろうか。

かつて旅したトルコでは「ドルムシュ」という乗合いバスのシステムが発達していた。ハイエースくらいの大きさで、街を循環している。バス停はなく、流しているバスを手を挙げて停める。規定のルートを持ちつつ、寄り道してくれるといったフレキシブルさが便利だった。豊かでないからこそ生まれた簡易なバスシステム。人口が減少し、人々が散在して住むことを余儀なくされている地方都市では、案外このくらい力の抜けたサービスがいいのではないだろうか。

バスターミナルの風景も変わるだろう。大型バスの発着所としてだけでなく、小さなバスでやってくる人々が安らげるような空間と機能が集まる場となる。小さな診療所、パブのような居酒屋、図書館の派出所…。新しい時代のバスターミナルにふさわしいのは、地域のコミュニティをつなげるような役割だ。

ハイブリッド・バスターミナル。

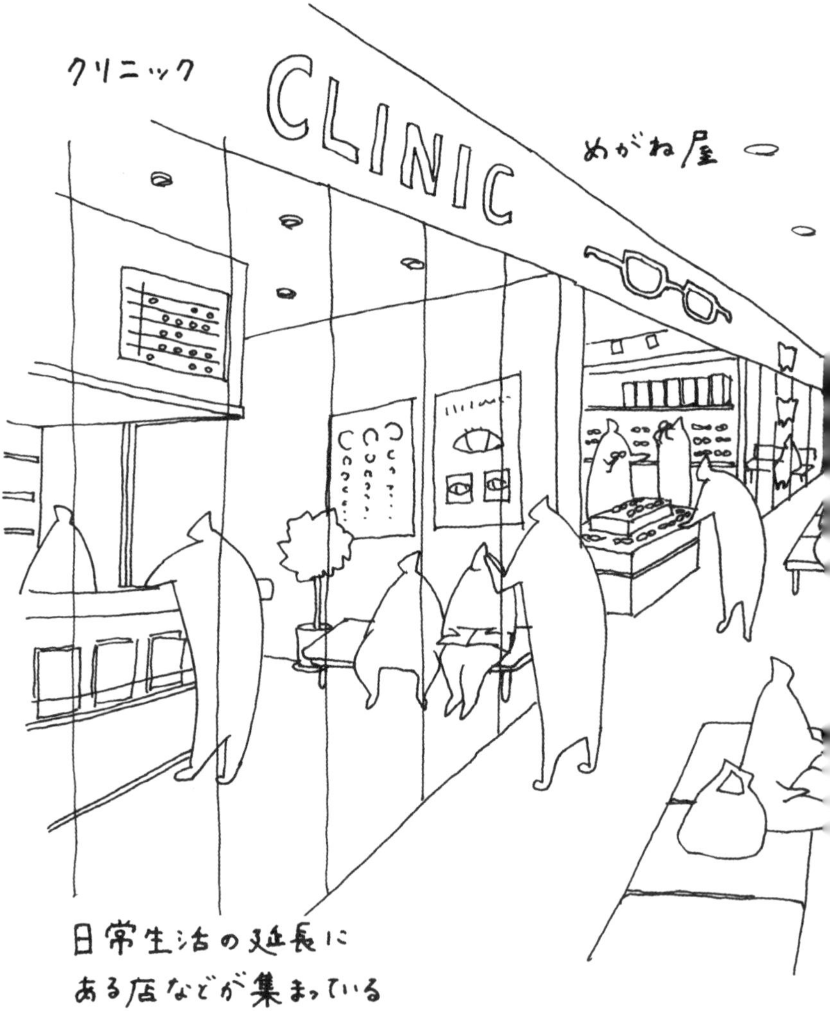

クリニック
CLINIC
めがね屋
日常生活の延長に
ある店などが集まっている

クリニックモールを誘致したら？

バスターミナルに付帯する施設が空洞化している。かつては賑わっていた商業施設が乗降客の減少によって撤退してしまったのだ。
そこで思い切って用途を見直し、別の施設とハイブリッドな使い方をしてみたらどうだろう。たとえばクリニックモールなどを誘致するのはどうだろうか。
高齢者は病院への交通手段で困っている場合が多い。だとすれば、日常的にバスが往来しているバスターミナルに病院が併設されていれば、高齢者にも朗報だし、小さなクリニックにとっても客を増やす手段になる。
眠った魅力的な空き物件は、新しい使い方を提示することによって復活する。

SHI
citiban
16:00
OPEN
2F
au

路上をオープンカフェに、道路の使い方が街を変えた。

モア4番街（東京都新宿）

区と商店街が団結、道路開放への長い道のり。

JR新宿駅東口の路上の何気ない風景は、実は日本の道路史にとって大きな意味がある。それは公道のど真ん中にカフェが存在していることだ。道路上で常設の飲食や物販などの営業行為を行うことは禁止されているからだ。

ここに辿りつくまでには、25年に及ぶ気の遠くなるような労力と時間、そして複雑な手続きがあった。それだけ日本の道路のリノベーションには障害が多いということだ。新しい道路は補正予算などですぐできるのに、使い方を少し変えるのは大変なのが、今の日本の道路だ。

きっかけは1986年、違法駐車、浮浪者や違法薬物の売買による怖いイメージを払拭したい新宿駅前商店街振興組合と新宿区の利害が一致したことに始まる。最初は路面を石畳にするなどの環境改善から始まった。

1999年、路上活用の社会実験が始まり、ついに2005年、仮設のオープンカフェを設置。ちなみに、給排水や電気などの基盤工事は区が補助、建物は民間が投資し、カフェスタッフによる道路掃除・植栽管理と、役割が分担されている。社会実験の期間中、利用客数のカウントなどが継続的に行われ、道路開放の有効性が証明された。

2011年、都市再生特別措置法と道路法施行令の改正により、一定の条件を満たせば道路に常設の建築を建てることが可能になった。そして翌2012年末、常設カフェのオープンにこぎつけた。これが法改正後の第一号案件である。カフェ運営で得られた収益は道路整備や防犯活動に使われている。

図書館を
リノベーション

最近、図書館に行きましたか？

読みたい本があればネットで探し、欲しい本は通販で翌日には自宅に届く。かつて図書館が担っていた役割はすっかりインターネットに移行してしまった。
この先、図書館は存在するのだろうか。デジタル化で消滅するビルディングタイプなのだろうか。
でも思い出してほしい。
本に囲まれた空間にたたずむ時間、独特の匂い、静けさのなかでページをめくる音…。物質としての本と空間がくれるのは、ネットでは味わえない経験。
この時代だから求められる図書館とは？

A 13 B
ビジネス関連資料
家事全般

本との新しい出会いをもたらす、次世代の図書館。

図書館のアイデンティティが問われる時代

かつて図書館は、あらゆる本が揃い、自分が欲しい知識を探しにいく場所だった。現在、知識の探求という意味では、専門的なことでなければインターネットで事足りてしまう。本が欲しければ中古で格安になったものをアマゾンで手に入れることができる。それは図書館に行く交通費よりリーズナブルだったりする。さらに書籍の電子化が加速し、本が物体ですらなくなろうとしている。本をめぐる環境は激変している。

知識を手に入れる利便性が高くなったことはいいことだが、だからこそ図書館は存在意義が問われることになる。行政の財政が逼迫するなか、図書館を魅力的なものとして維持するにはどうすべきか。

図書館とは何をしたい場所か

図書館が今も昔も本を読む場所であるということに変わりはない。そこで時間を過ごすこと、本に囲まれ落ち着いた雰囲気に身を置くこと、その時間と空間が普遍的な図書館の魅力だ。それは電子化された世の中であっても、本が物体であることの強みだ。

人間はなぜか本に囲まれると気持ちがいい。おのずと知識欲が湧いてきたり、落ち着いて物事を考えたり。本に囲まれた空間でしか起こりえない気持ちや精神状態があるような気がする。それを空間として再構築することが図書

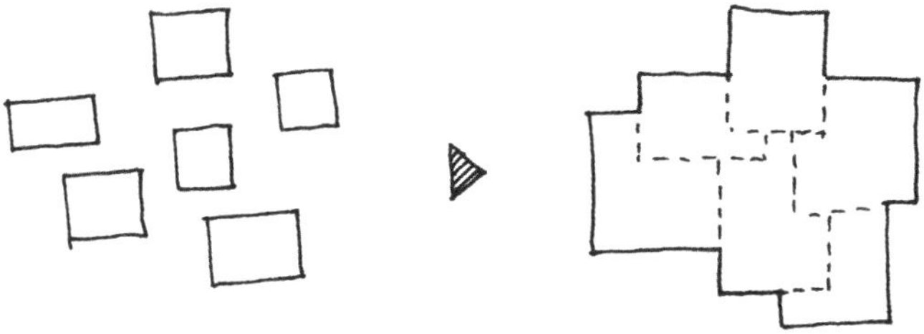

館のリノベーションのポイントだ。

本来の図書館の価値を活かすためには、図書館を図書館としてだけ存在させるよりも、その潜在的な魅力を引き出すための、ある違った機能を付加することで実現できるのではないかという仮説を立てた。存在価値を問い直される図書館だからこそ、この時代に合わせたリノベーションができるのではないだろうか。

試行錯誤が始まった図書館

図書館で試行錯誤が始まった、指定管理者制度を活用した民間委託。市民の個人情報を民間企業が管理することに意見もあるようだが、それを差し引いても市民の支持を集める試みが始まっている。たとえば本書で紹介している佐賀県の武雄市図書館。書店やカフェを併設し、2013年4月のリニューアルオープン以来、来館する人数も、客層も、流れる空気も大きく変わった。

工夫はきっと他にもあるだろう。公園と一緒になってもいい、クリニックや塾と融合してもいい。老人や子どもたちの日常動線のなかに組み込まれれば、図書館は新しい役割を発揮するだろう。

本というモノに囲まれた空間的な魅力を活かした、新たな図書館の発明が始まろうとしている。

伝統ある小学校をマンガと芝生広場で再生。

京都国際マンガミュージアム（京都市）

増築
昭和4年
マンガを持って庭へ、
芝生にゴロゴロしながら読むとか

昭和12年
エントランスには
地域に開いたカフェがある

公民協働／PPPによる小学校の再活用。

このマンガミュージアムは京都市が土地・建物を提供し、京都精華大学が運営・管理を行っている。一番古い建物は1929年に建てられた龍池小学校。歴史的価値を保ちながら改修し、マンガミュージアムとして生まれ変わった。2003年に京都精華大学が市にマンガミュージアム構想を提案。それを受け、市と大学で組織される運営委員会が設立され、2006年にオープンした。同年、大学はマンガ学部を開設。公民協働（PPP＝Public-Private Partnership）のモデルとなっている。
マンガ・アニメーションの研究だけでなく、生涯学習、観光誘致、人材育成など地域産業や文化への貢献が意識されているのが特徴。エントランスにはカフェがあり、屋外の気持ちのいい芝生の庭にマンガを持ち出して読むことができるのが人気。海外からの来場も多く、京都の新しい観光スポットのひとつにもなっている。

公園に開いた
オープンエア図書館。

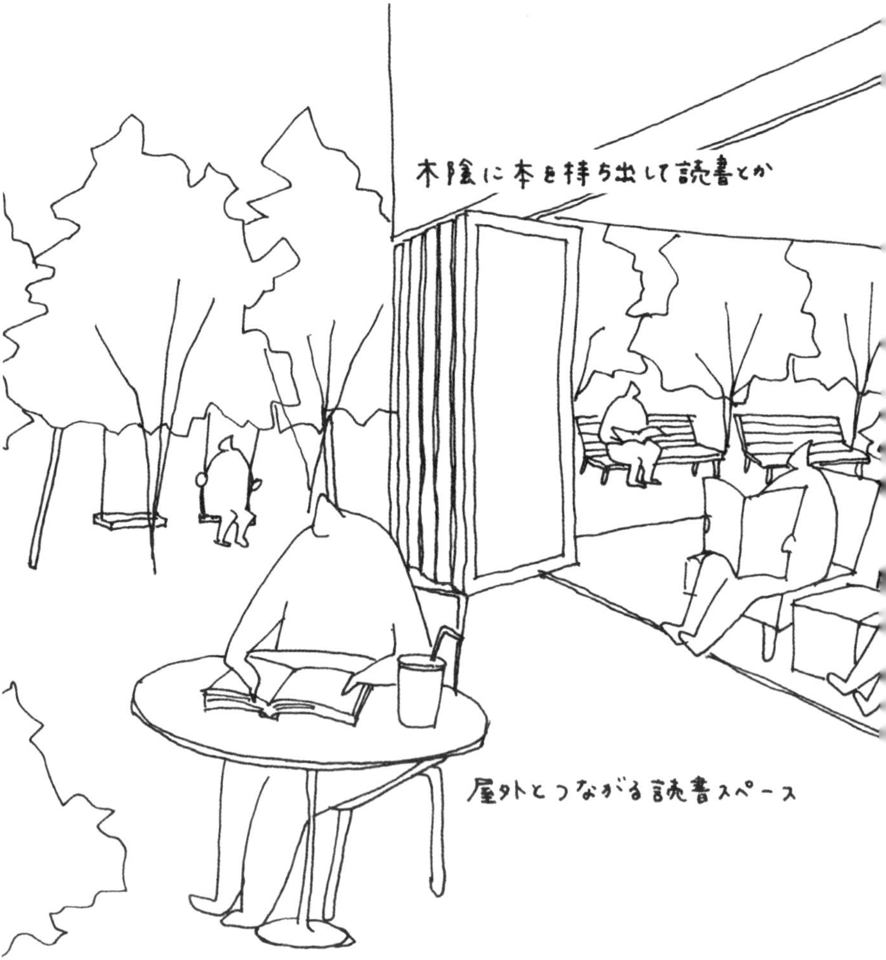

木陰に本を持ち出して読書とか
屋外とつながる読書スペース

図書館と公園を隔てる壁をぶち壊せ。

まず図書館がどんな空間と隣接しているのかを確かめる。案外いい立地に建っていて、公園や自然に隣接していることが多いことに気がつく。
両者の間を隔てる塀や壁、フィックス窓の一部は抜いてしまえないだろうか。それが可能なら、使い方の可能性は一気に広がる。
目の前の公園も図書館の一部になり、晴れた日は木陰で読書。かつては本の館外持ち出しはできなかったが、今ではICタグなどでセキュリティ管理は容易になった。

室内にも気持ちのよい風が流れる

図書館の中に
書店とカフェが出現。

武雄市図書館（佐賀県）

空間が気持ちよいから
来場者も増えていく
図書館の本と書店で販売している本が混在

自分の好きなスタイルで読書を楽しめる図書館。

人口5万人の佐賀県武雄市。他の地方都市と同じように、図書館は必要不可欠だが、市民のニーズに合わせたサービスを維持していくのは大変だ。
そこで武雄市が打ち出したのは、蔦屋書店を運営するCCC（カルチュア・コンビニエンス・クラブ）に、指定管理者制度を用いて図書館の運営・管理業務を委託すること。CCCは図書館に併設されたCD・DVDレンタル、書籍の販売などの自主事業と委託費の組み合わせで収支を合わせる。
年中無休で午後9時まで開館され、利用者は画期的に増えた。支出を抑えられた行政にとっても、新規事業に着手したCCCにとってもいいシナリオ。

スタバとつながり、
コーヒーを飲みながら読書など

図書館をもっと面白くする、民間企業による運営の仕組み。

指定管理者制度で広がる、ユニークな図書館。

人口も税収も減っている自治体にとって、図書館の運営管理は重荷になっている。市民は開館時間の延長などのサービスの充実を望むが、それは経費の増大を招く。図書館から市民の足が遠のく悪循環が続く。もはやそれを行政だけの努力で改善するのは構造的に難しい。

2003年、地方自治法が改正されたことによって、公の施設の管理を民間業者が請け負うことが可能になった。これがいわゆる「指定管理者制度」である。公立施設の民間委託は、70年代から始まっていた。小泉政権による「官から民へ」という大政策がその動きを本格化・活発化させたのである。

指定管理者制度の導入によって、公立図書館に加えて、スポーツ施設や美術館・博物館、さらには病院や介護施設など社会福祉施設の運営・管理を、民間事業者が行うケースも見られるようになってきた。

図書館に関しては、さまざまな自治体で民間企業に委託するケースが増えてきている。たとえば、サントリーパブリシティサービスと他2社が運営する東京都千代田区の千代田図書館では、コンシェルジュが千代田区の街情報や古書店案内を行う。紀伊國屋書店が熊本市から委託され運営している、くまもと森都心プラザ図書館（熊本市）では、ビジネス支援を受けられる。先に紹介した佐賀県の武雄市図書館では、図書館と蔦屋書店とスターバックスが融合し、運営の合理化には民間らしいさまざまな工夫が行われている。

民間企業の導入によって、これまでになかったサービスが図書館において可能となり、まだまだ楽しい機能を入れ込む余地も残されていそうだ。街に開かれた図書館ができる役割が、今後どんどん広がってゆくのではないだろうか。

指定管理者制度とは？

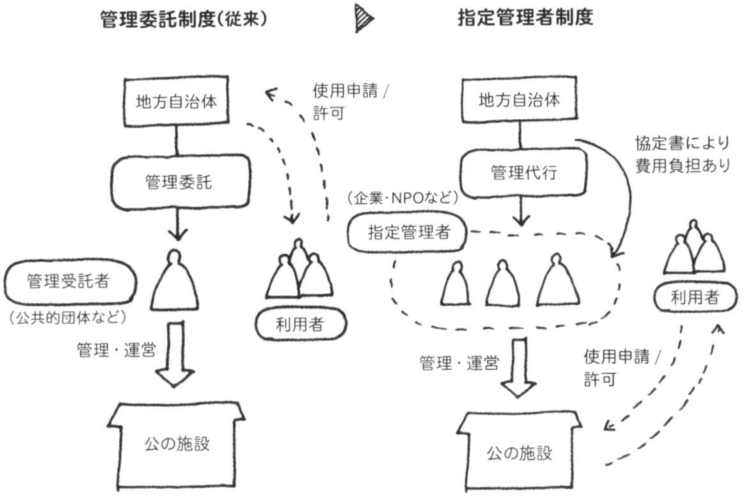

民間運営による新たな取り組みをしている図書館

コンシェルジュがいる千代田図書館（東京都千代田区）

ビジネス支援を受けられる、くまもと森都心プラザ図書館（熊本市）

おぶせ
まちじゅう図書館
本とつながる。
人とつながる。
おぶせ
まちじゅう

本が街と人をつなぐ媒体になる。

まちじゅう図書館（長野県小布施町）

本を通じて、個人をパブリックに開く。

小布施町は長野県北東部に位置する人口1万人の小さな街。しかしここはさまざまなアイデアと活動によって、年間120万人の観光客を呼び寄せている。

「まちじゅう図書館」は2012年に始まった新たな試み。文字通り、街のあちこちに小さな本棚を点在させることで、街全体を図書館にしてしまおうというプロジェクトだ。

店先や蔵、自宅の玄関口の余った空間に自分の好きな本を置いておく。街を歩く人がそれに響けば、そこからコミュニケーションが始まることだってある。たとえば「この本、僕も好きなんですよ。あのシーンがいいですよね」という風に。他にも、酒屋の前には酒や肴の本。パン屋だったらパンとそれに合う飲物の本など。本が、人と街をつなぐ仕組みになっている。

小布施では2000年から「オープンガーデン」という個人や商店の庭を地域住民や観光客に無料で公開する取り組みを行ってきた。私有の一部をパブリックに公開することで、その空間は私有と共有の中間的な領域となる。その曖昧な空間が街と個人の関係をつくっている。

かつては縁側や店先と呼ばれる空間がその役割を果たしていた。小布施では新しいルールでそれを取り戻し、観光の素材にまで育てた。確かに、その土地の日常の一部が垣間見えることこそ、本当の観光だ。いつのまにか小布施には訪れた人々をボランティアでもてなす習慣が根づいていった。

まちじゅう図書館もこの感覚の延長にある。本のある店や家のネットワークは地図にまとめられ、住民も観光客もそれを片手に街を巡る。そのプロセスが街と人との関係をつくり、本はその媒体になっているのだ。

家で眠っている本を集約する、持ち寄り図書館。

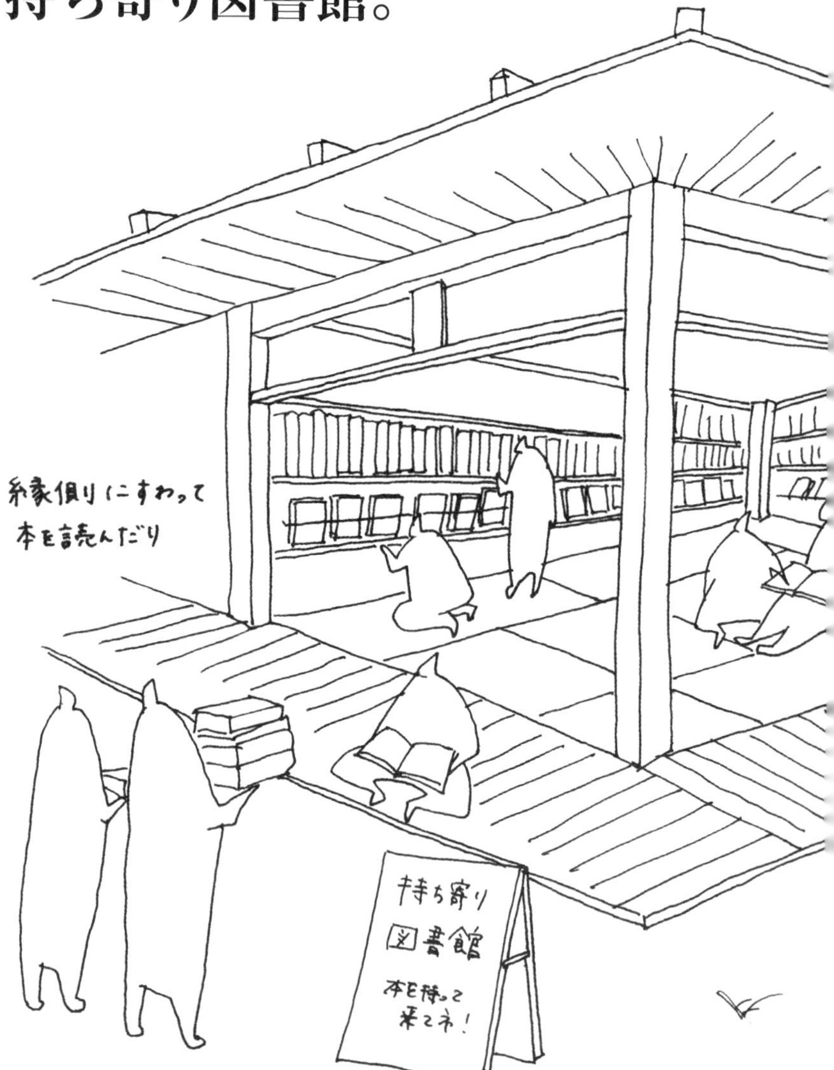
縁側にすわって
本を読んだり
持ち寄り
図書館
本を持って
来てネ！

市民共有の本棚に、
街の記憶も蓄積されていく。

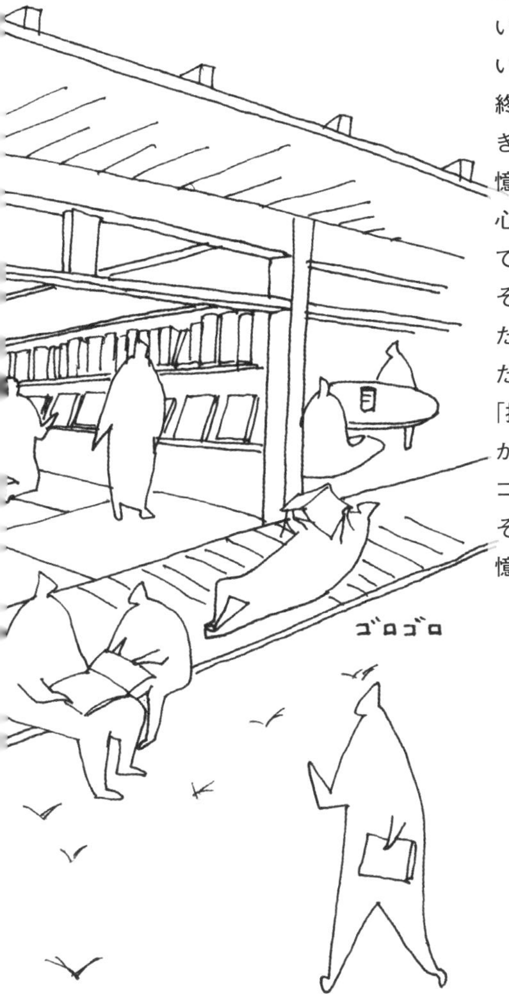

家の本棚に、捨てるにはもったいないけれど、もう読まない本が眠っていないだろうか。たとえば子育てを終えた後の絵本、読み返しすぎて飽きてしまったマンガ…。思い出や記憶が宿っている本を破棄するのは心が痛む。できれば誰かの役に立ってほしい。
そんな本を集めて図書館にする。
たとえば、商店街の空き物件に眠った本を持ち寄って、市民が運営する「持ち寄り図書館」なんてどうだろうか。自分の本があると、その場所にコミットしやすい。
そこは、多くの人の本と同時に、記憶も蓄積する場所になる。

団地を
リノベーション

団地で遊んだ思い出はありませんか？

かつてはたくさんの家族が住んでいた団地。自分や友達の誰かが団地に住んでいるのは普通だった。住棟の間にはゆったりとした空き地があって、車の来ないその場所で遊んでいた記憶がある人も多いのではないだろうか。
しかし今、団地は高齢化が進み、空室率は高まり、子どもの遊び声が聞こえなくなっている。
落ち着いてこの空間を見直せば、ゆったりとした敷地と低層で愛嬌のあるボリュームが連続する風景は、新たな公共空間としての可能性に満ちている。

251

新しい時代の団地と、豊かなオープンスペースの使い方。

時代が一巡りして見えてきた団地の心地よさ

昭和のスタイルだと思われてきた団地。しかし時代が一周回って、その空間や設計思想は今の時代に新鮮に映る。

50年前に団地が初めて登場したとき、日本の人口は1億人程度。敷地も広く、まわりには公園や遊び場が散りばめられていた。その後、日本のマンションは効率性や経済性が重視されるようになり、いつのまにかミシミシと高密度になり味気なくなっていった。

都市のマンションは生活を個人化へと向かわせた。隣に住んでいる人と顔をあわせたことがない、できればあわせたくない。確かに、こうした価値観も時代のニーズだったのかもしれない。その結果、2011年の国勢調査で全世帯の中で単身居住、すなわち一人暮らしがもっとも多くなった。現在、3分の1以上の世帯が一人暮らしだ。団地でも孤独な高齢者の問題が指摘されることが多くなっている。

そんな時、東日本大震災が起きた。そして多くの人がコミュニティや隣に住む人との何気ない関わりの大切さに気がつき、日常生活のなかで適度な距離感をもてる隣人が必要であることが再認識された。

2050年頃には、人口は50年前の水準に戻ると予想されている。もはや小さな空間に高密度に人々を詰め込む必要はない。団地くらいの密度がちょうどいい。

人々のゆるやかな関係を包み込む器

団地黎明期、家にはエアコンもなく、エレベーターはまだめずらしく、地域にはコミュニティや緑がしっかり残っていた。その大切さは時代が移り変わるとともに忘れられそうになっていたが、今はそれらがとても魅力的に見える。

団地のオープンスペースについて考えることは、集まって住むことの意味や、自然環境をいかに暮らしに取りいれるかを考え直すことにつながる。

標準世帯と呼ばれた夫婦と子ども一人（もしくは二人）という家族構成は、多様なライフスタイルの一つになった。同時に趣味や価値観が多様化し、それでつながった、新しいコミュニティが生まれている。そうしたゆるやかな関係を大きく包み込む器として、新しい団地とそのオープンスペースを捉え直したい。

団地は、古くて新しい公共空間。

観月橋団地（京都市）

Open A works

団地のオープンスペースは、地域の共有資産。

団地空間が、実は日本に豊富に残る公共空間なのだということに、この観月橋団地のプロジェクトへの参画を通じて、改めて気づかされた。僕は団地住民ではなかったが、団地の住棟の間のオープンスペースで遊んだ風景が自身の記憶の中にたくさん残っている。団地全体が地域のコミュニティに対する公共的な空き地、子どもたちにとっては遊び場として機能していたわけだ。

しかし、高齢化やライフスタイルの変化によって、いつしか団地が過疎化し、かつてあった公共性を失っている。今もう一度、団地を集合住宅の集まった場所ではなく、豊かなオープンスペースの残る地域資産として捉え直してみたい。

このプロジェクトのミッションは、団地空間の再構築と、新しい住み手を見つけることだった。

現在の集合住宅は容積率一杯に建てることを要求され、余裕のあるプランニングが難しい。60年代に建設された団地の多くは、空間のいたるところにたっぷりとした余裕を残したままだ。近隣との近くもなく遠くもない絶妙な距離感。広々とした隣棟間隔。敷地に植えられた大きな樹木はこの団地が積み重ねてきた月日を感じさせる。それは現代では手に入れがたい貴重な生活空間。この余裕が、団地を公共的な空間としてリノベーションできる可能性を残した。

時が周回してコミュニティやエコロジーに新たな役割が期待されようとしている今、団地ならではのオープンスペース、その開放感と距離感を活かしたデザインが、古くて新しい公共空間の在り方を示している。

団地に住んで、団地で働く。

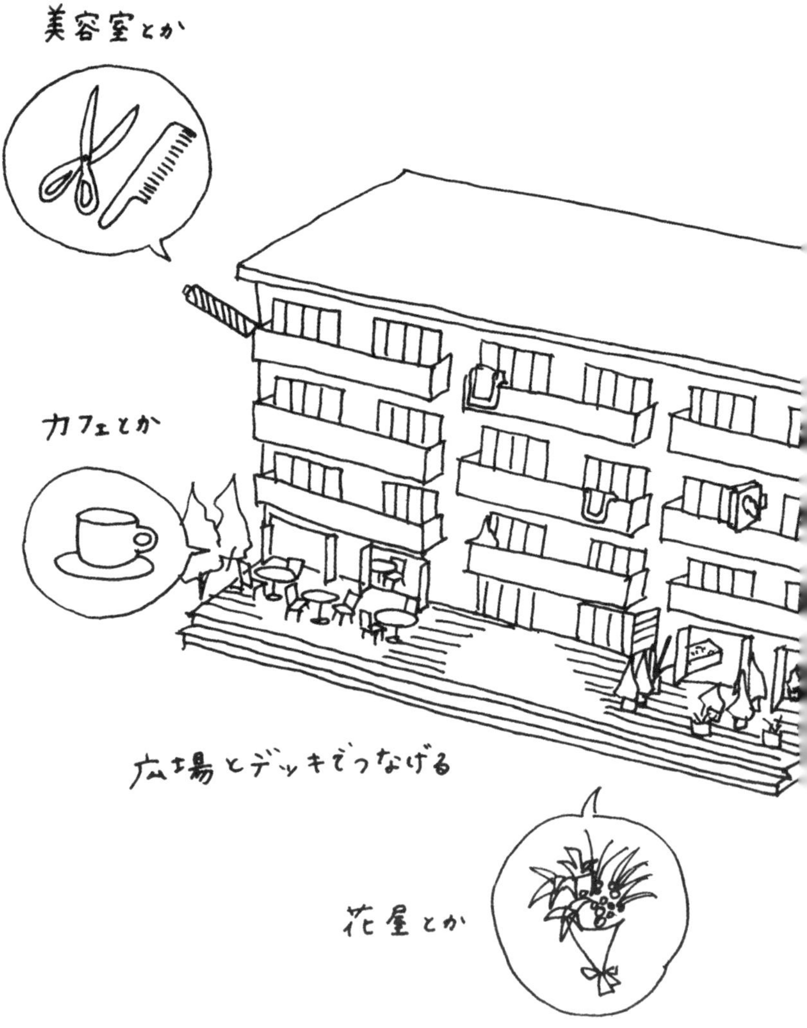

団地は職住一体の暮らし方に最適。

団地の1階ベランダ側を、目の前の広場とつなげてしまう。団地の足下は一気に賑やかで、楽しい空間になるだろう。
ここでは団地の上の階に住みながら、下の階で働くという職住一体の居住を提案する。このスタイルは「下駄箱式」と呼ばれ、60年代までの商店街などで主流だった。しかし職住分離によって、住宅が郊外化し次第に減っていった。街は買い物や仕事をするところで、郊外は寝に帰るところと、生活は二分された。これが街から賑わいを奪った原因の一つだ。
しかし今、住む場所と働く場所が再び一緒になった生活をする人が増え始めている。SOHOと呼ばれるようなスタイルがそれだ。
かつては下の階が店舗であることが多かったが、たとえばアトリエやオフィス、ギャラリー、小さなカフェのような使い方でもいい。

いこいーの＋ TAPPINO 正面

懐かしい小学校の机をモチーフにしたデスク

たくさんの人が集まるときはくっつけて大テーブルに

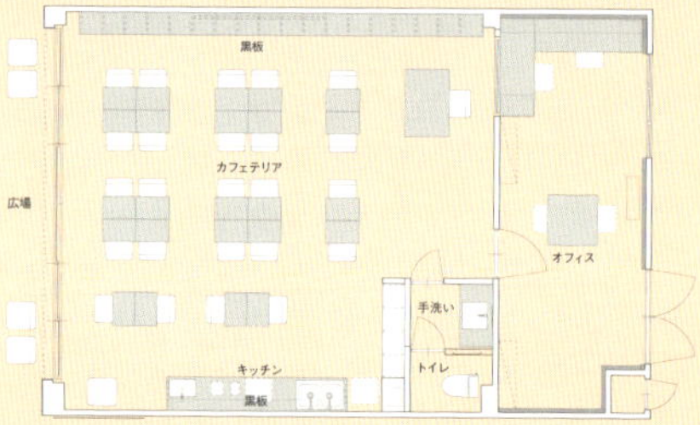

いこいーの＋ TAPPINO 平面図

団地の空き店舗をカフェにして、広場とつなげてみた。

いこいーの＋TAPPINO（茨城県取手市井野団地）

Open A works

アートのある団地の活動拠点。

茨城県取手市は東京藝術大学が誘致されたことによって、アートによる地域プロジェクトが継続的に行われている。この井野団地はそのフィールドの一つ。活動の中心は「取手アートプロジェクト」で、1999年の発足後、街中で現代美術公募展やオープンスタジオなどを開催してきたが、2010年から「アートのある団地」をテーマにして、団地をアート化する、さまざまなプログラムを行っている。

「いこいーの＋TAPPINO」は、現在その拠点が置かれている場所で、広場に面した商店街の空き物件をOpen A設計でリノベーションした。カフェと事務所が一体化した、住民たちが集える場である。

壁の片面が全面黒板になっていて、ワークショップなどで活躍している。気候のいいときはフルオープンで広場とつながる。チャリンと貯金箱に代金を入れてセルフサービスでコーヒーを淹れたり、住民のボランティアスタッフが淹れてくれたり。住民による住民のための場所。

今、ここは次なるプログラムの作戦会議の場所にもなっており、団地全体をフィールドにしたアートの実験が行われている。ゆったりとした敷地とコミュニティがあってこそ生まれる表現だ。

団地を若者が集うホテルに。

都会の宿泊難民を救え!

ホテルといっても本格的なサービスは必要ない。安全で清潔な宿泊機能とインフラがあればいいだけのシンプルなホテルだ。たとえば、集会所がフロントで、鍵だけもらって自分で部屋を探してチェックイン。
現在、就職活動や企業のインターンシップで都会に1週間単位で滞在しなければならない若者が増えている。若い外国人観光客、バックパッカーたちも同様だ。彼らはお金がないから適当な宿泊施設が見つからず、マンガ喫茶を

ハシゴしたり、危険が伴う安宿に仕方なく泊まっている女子大生も多い。それが社会問題化している。
だとするならば、余った空間のある団地をそのままの構造でホテルにしてはどうだろう。ハードの変更が少なく、安全な場所を提供することができる。
さまざまな地域、国から集まった若者が集うホテル、想像するだけで、なんだかとても楽しそうだ。

団地の空き部屋をホテルに、住民がゲストをもてなす。

SUN SELF HOTEL（茨城県取手市井野団地）

自分たちで「太陽」と「ホテル」をつくるアートプロジェクト。

2013年4月13、14日。茨城県取手市の井野団地で1泊2日1組限定の宿泊体験をするアートイベントが催された。その名は「サンセルフホテル」。取手アートプロジェクトで2012年に始動した「ダンチ・イノベーターズ！」メンバーの1人でもある現代美術家の北澤潤氏によって企画された。

期間限定で借りた団地の空き部屋を、ホテルマンとなった住民たちが手作りの客室へと設えて、宿泊客を迎え入れる。この日は半年間準備をしてきたホテルマンが、応募者の中から選ばれた親子とおばあちゃんの3人をもてなした。

サンセルフホテルの特徴は、日中に特製のソーラーワゴンで団地産の電気を集めてくるところにある。その電気はサンセルフホテルの象徴となる、夜空に浮かぶ太陽を光らせ、客室で使う1泊分の電力をまかなう。ホテルマンと宿泊客が協力しあい、自分たちの手（＝SELF）で「太陽（＝SUN）」と「ホテル（＝HOTEL）」をつくりあげる体験を通して、人と自然、人と人の新しい関係を築くアートである。

ホテルマンたちは我が家にやってきた客人をもてなすように宿泊客と温かく触れあう。今までは顔見知りというだけであった住民同士が大きな家族のようにお互いの得意なことを活かしておもてなしをする。

サンセルフホテルは、団地の住民が団地の魅力を伝える担い手として、いきいきと活動する場になっている。まさに関わる人がみんな自然とハッピーになれるアートプログラムである。

13 日 PM0:40
お客さんがチェックイン。
ホテルマン一同でお出迎え ▶

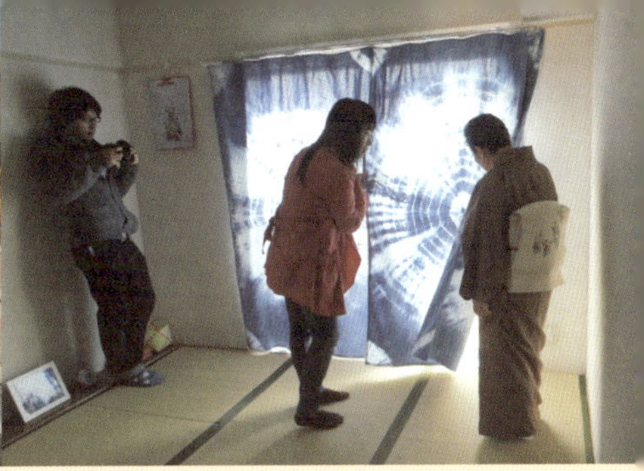

PM1:00
お部屋へご案内。ホテルマン手作りの設えを解説。
みんなで染めた藍染のカーテン ▶

PM2:40
ソーラーワゴンを押して、
太陽光を集めに団地散策 ▶

PM6:30
蓄電した電気を使って団地に「太陽」を揚げる。
サンセルフホテルのシンボルが団地の中心に灯る ▶

PM7:15
ディナータイム。団地内の集会所で
つくられた食事が客室に運ばれる。
食器も特製のサンセルフモチーフ入り ▶

14 日 AM8:15
ルームサービスの朝の体操。
手作りのお土産を受け取ったらチェックアウト

団地の空地で
移動販売キャラバン。

団地の中で小さなバザールが立つ。

団地には車が入ってこれる豊かなオープンスペースがある。それを利用して定期的なバザールを開くのはどうだろうか。
最近、街でよく見かける移動販売のキャラバンが、1週間に一度やってくる。かつて市場が点々と街を巡回していたように、複数の団地をキャラバンが巡る。そのタイミングに乗じて、団地や周辺の住民たちがフリーマーケットを開いてもいい。
バザールは人々のコミュニケーションを誘発する機会でもある。子育て中のお母さんも、引きこもりがちな高齢者も、家の前にちょっとした祝祭空間が現れれば、きっとふらりと参加してみたくなる。

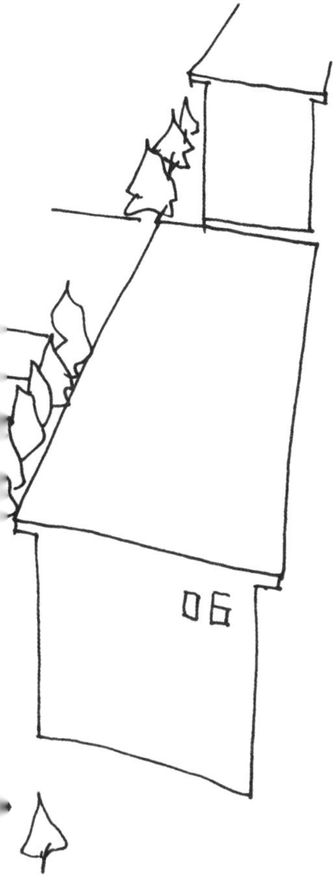

DANCHI de MARCHE
ZUITEL
海南しらす
ゆでたての地だこ
釜あげしらす
サラダナス 3本¥250
ミニトマト ¥350
CHATEAU DUBOIS VIVENS

団地で開いた市場が、人をつなぐ拠点に。

ダンチ de マルシェ（横浜市若葉台団地）

住民が世代を超えてつながる、食からの仕掛け。

「ダンチ de マルシェ」は、横浜市の若葉台団地で2011年9月にスタートし、2013年3月まで開催されていた試み。毎月第4土・日曜日にほぼかかさず開催され、近隣の名物になっていた。

このマルシェは、同団地で新しいまちづくりを目指す活性化策として生まれた。会場は、団地内商店街にも近い「わかばの広場」。総戸数6300戸、約16000人が暮らすマンモス団地は若い子育て世代にも魅力的な環境だ。ただ、同時にここは、神奈川県下でも高齢化が心配される地域でもある。

この状況を踏まえ、世代を超えて団地を内に外に「開く」ことで活性化しようと、マルシェづくりは始まった。仕掛け人は、これまでも団地生活をきめ細かく支えてきた若葉台管理センター。

若い世代にも親しんでもらうきっかけになったのは、若者目線で日本の農業活性化に取り組む「ノギャル」プロジェクトの参加。彼女たちが育ててきた全国の生産者との交流も、マルシェの発信力や食材の多彩さにつながっていった。

来訪者の輪が広がるにつれ、企画も進化。団地内の住民サークル活動を紹介するブースが出たり、団地外のフリーマーケットをやっている人が出店したり。敷地内で始めた菜園倶楽部では、住民や近隣の参加者が旬の野菜を日々育てるようになった。

マルシェがきっかけとなり、さまざまな活動やコミュニケーションの機会が生まれるようになった。次の時代の団地を予感させる風景。

INTERVIEW

森司

聞き手：馬場正尊

「あなたとわたしとわたしたち」
この感性が、
新たな社会関係資本をつくる。

クリストから北澤潤まで。
アーティストが敏感に発見する場所や手法は、まだ社会化される前の新しいフィールドを開拓する。
ホワイトキューブから東京という都市に放たれたキュレーター森司が、都市の現実のなかで、何を企み、何を変えようとしているのか。
アートという手段を持って個と公を架橋するキュレーターに、パブリックという概念を揺さぶる手法を学びに行った。

「私」と「公」の関係を
問い直すアート

――森さんは水戸芸術館で20年間、数々の展覧会をキュレーティングされていましたが、2009年、突然辞めて、東京都の文化財団職員として、NPO等と連携したアート活動をされるようになった。アートの手法を都市に、パブリックな場所に持ち出そうとされているように、僕には感じられるのですが。

なぜホワイトキューブから、都市に向かったのか

美術館のキュレーターを辞めたのは論理的な思考があったというより「もう出なければ無理だ」という直感的なものでした。何かを探しに出たのかもしれません。

そして4年間、さまざまな場所、状況のなかでアートプロジェクトを続けてきて、今考えるのは「あなたとわたしとわたしたちの関係」について問おうとしているのではないかということです。どのような「わたしたち」をつくるか、「わたしたち」という関係性をどうつくるか。そこに帰着してくるのではないかと思っています。

たとえば、先生と生徒のようなヒエラルキーがある場合、「あなたとわたし」が固定化されている。でもフラットな「あなたとわたし」という関係性においては、お互いの立ち位置は水平にも上下にもなりうる。それは時に逆転し、柔軟に変化する。「あなたとわたし」が固まった関係ではなく、「わたしたち」という感覚として認識されるためにアートが果たす役割に可能性を見ています。

今は「あなたとわたし」という感覚、関係が強く存在している。同時に「わたしたち」という概念が希薄なことに違和感を感じていました。「あなたとわたしとわたしたち」の関係を再認識すること。そして「わたしたち」という概念を街中でつくっていくこと。僕は東京の街のさまざまな場所でそれを仕事にしてきました。

人々の関係性をつくること自体がアートになった

僕が関わっているアーティストは、「アーティストの「わたし」が表現しているんだ」と思ってはいません。

たとえば、この本の中にも登場する北澤潤*というアーティストは、「リビングルーム」や「サンセルフホテル」という作品をつくっていますが、彼の頭には「わたしたち」しかない。表現者の「わたし」はなく、「わたしたち」の中の「あなた」や「わたし」が、どうやって普通の日常の中に、ちょっと違和感のある新しい日常をインストールしていくか。日常の中に第二、第三の日常をつくることを課題にしています。

プロジェクトの発案者は彼だけれど、やっている人はたくさんの他者。このような状況だと、誰かが表現主体になるというより、コミットする人々の関係性をつくっていること自体がアート行為だというしかなくなっていきます。

コミュニケーションのOSの変わり目

ちょうどコンピュータがスタンドアローンのOSから、ネットワーク型のOSに切り替わりつつある状況に似ています。フリーやシェアという概念にも呼応しているかもしれません。

僕や馬場さんが言葉で語ろうとしている感覚を、僕が関わっているアーティストたちは身体で感じている。実経済とは違う何かの価値観の中で生きていると思うこともあります。

対戦ゲームをやっている子どもたちを見ると、対戦すること自体が関係性を取り結ぶことになっているし、その行動ルールはリアルとバーチャルが交錯しています。それがデフォルトになっている世代が成人を迎えつつあり、あと10年もすると彼らが時代の体制をつくることになります。今、25歳の北澤潤が、10年後にはどこかの大学の先生になって、当たり前のようにこの感覚を教えているかもしれないわけです。

——森さんが今、話してくれた表現は、アートの新しい潮流になりえているのですか？

世間一般で言うアートシーンではないかもしれません。アートシーンとして認識されるように価値化していく作業を、これから10年かけてやっていくことになると思います。

北澤潤の「マイタウンマーケット」は一見、アートのシーンには見えない。しかし、一つのプロジェクトだけ見ていると見えないことも、そのシーンが継続してある塊となったときに、それはアートシーンになっているはずです。

やっている本人が無自覚であれば評価しない方がいいかもしれませんが、非常に自覚的であるわけで、それゆえに外部者であるわたしたちも共犯関係者として彼の活動を引き受けてよい論拠になると思っています。

きっと北澤潤には十数年後の自分や社会のイメージがあって、そこからバックキャストして未来から戻ってきた感じなのではないかな。未来のために、今、さまざまな工作を日常の中に仕掛けているように見えます。

＊北澤潤：1988年生まれ。アーティスト。北澤潤八雲事務所代表。各地で人々の生活に寄り添うアートプロジェクトを企画・運営。代表的なプロジェクトに、不要な家具を物々交換することで変化し続ける居間を営業する「リビングルーム」（埼玉県北本市、2010-）や、仮設住宅の中に街を模した市場を開く「マイタウンマーケット」（福島県相馬郡新地町、2011-）などがある。

マイタウンマーケット／北澤潤

——北澤潤の作品をこの本で紹介していることと、森さんが「あなたとわたしとわたしたち」という概念に触れていることに親和性を感じます。

偶然ではないですよね。「私」と「公」についての関係性を問い直しているのが北澤作品であるとするなら、この本で浮かび上がらせたいこと、そして実際の社会で起こってほしいと思っていることもまた、パブリックという概念を問い直すことです。問題意識が同じ方向を向いている。

——他に、個を公にコミットさせる手法として、参考にすべきアーティストはいますか?

クリストとジャンヌ=クロード*ですね。

今、改めてこのような文脈でクリストとジャンヌ=クロードの仕事を再読すると、いろんなことに気がつきます。クリストたちは、プロジェクトの過程を写真、映画、書籍、印刷物、さらには実際に使用した資料、作品素材などで残しています。プロセス自体、プロジェクト自体をアーカイブ化することに意識的です。その振る舞いそのものが彼らの活動を特徴づけるスタイルと言えると思います。

クリストたちは、プロジェクトを完全にコントロールすることを前提に活動をしてきました。そのための資金は、唯一、クリストたちが描いた作品を販売することでのみ調達されているのです。このこと自体、驚くべきことです。コレクターは、クリストたちのプロジェクトの支援者として、参加意識を十全に持つことができる、幸せな人たちなわけです。

アンブレラ・プロジェクトのとき、最終的な設置作業に参加した人には賃金とは別に、額面1ドルの小切手(クリストのドローイングのイメージがプリントされたもの)が渡されました。クリストたちの気持ちの表れであるその小切手を手にした人は、感動しますよね。小切手はプロジェクトの一部として存在し、世界中の数多くの人々の引き出しの中に保管され、参加した事実をメモリアルなことにしてくれていると思います。

おそらくプロジェクトに参加した多くの人々は、もらった貨幣よりも、作品に参加したこと自体に意味を見出しているはずです。作品は、クリストとジャンヌ

＝クロードの表現でありながら、その一方でパブリックなものとして関わった多くの人のものになっていく。その大きなループをクリストたちはつくっていたことになるわけです。しかし、このようにクリストたちが考えていたかはまた別のことです。今の時点で振り返ると、そのように再読しても誤読ではない、そんな気がしているのです。

＊クリスト・アンド・ジャンヌ＝クロード：クリストと妻のジャンヌ＝クロードはともに1935年生まれ。1960年代から2人で共同プロジェクトを始める。主に布を使って景観を一時的に変貌させる芸術活動で知られ、屋外空間での大規模な作品はすべて夫妻の共同作品である。実現までの政治的交渉、関わった人々との交流、こうした全過程を自らの作品の一部分とクリストとジャンヌ＝クロードはみなしている。代表作に、茨城県とカリフォルニアで同時に3100本の傘を立てた「アンブレラ、日本＝アメリカ合衆国、1984-91」、旧ドイツ帝国議会議事堂を布で包んだ「包まれたライヒスターク、ベルリン、1971-95」などがある。

クリストが参加者に手渡した小切手

アンブレラ、日本＝アメリカ合衆国、1984-91／クリスト・アンド・ジャンヌ＝クロード

アーティストは「可能性の場所」に介入していく

——建築や都市計画の文脈でスキがあるところに、新しいパブリックスペースの可能性はないでしょうか。

この本で馬場さんが問題にしようとしている「公共空間」は、資本関係のギャップのスキマに存在している場所ですね。

たとえば公開空地はその空間の制空権を有している管理者、意思決定者がいて、彼らにとってイベントやマルシェはコントロールしやすい、アリバイにしやすい手法だけれど、アートの場合はそうはいかない。そういう意味では、公開空地はアーティストが魅力的に思えるスキマではないと思います。

もし公開空地が支配の範疇に収まっていない場所であれば、きっとアーティストがもっと介入しているはずです。入っていけていないということは、公開空地には見えざるシステム（バリア）があるということですね。制度なのか、意識

リビングルーム／北澤潤

なのか、その両方なのか。そこはまだ開かれた土地ではない。つまり、アーティストたちにとって魅力的な空間ではない。

——では、アーティストが介入可能な場所とはどんなものなのでしょうか。

制度や経済に綻びがある場所。

北澤潤が埼玉県の北本団地でやっている「リビングルーム」にしても、郊外の団地の商店街でテナントが出ていってしまった、空いた空間です。経済的に綻んでいる場所なんです。そこで彼はコミュニティ・スペシフィックな概念を打ち出そうとしている。

——そこに新しいパブリックスペースの可能性が潜んでいるわけか。アーティストは、新しい場所を発見して領域をつくる敏感な生き物みたいだな。

東京の墨東エリア(隅田川の東岸にある地域)でも同じようなことが起こり始めています。家賃が安いからアーティストの介入の余地がある。改修してもいい建物にアーティストが住み始めています。

特別なアートプロジェクトとしてではなく、すでに住んでいるアーティストたちをつなげ、コーディネートすることを役割としているNPOも存在している。基本的な業務はエリアマップの更新とホームページの運営、定期的なミーティングの場を持つこと。エリアのファシリテーターのような存在ですね。

そのような場や人材が存在することで、エリアのハブとなっているのです。場をつくり、維持することがNPOのドメインになっている。こういう場は、新しいタイプのパブリックスペースなのではないかな。

——水辺はどうですか。新しいパブリックスペースの可能性がないでしょうか。

水辺は綻んでいないな。強い支配下に置かれている。だから、なかなかアートが介入できないでいるでしょう。綻びがあると、アーティストは自然に入りこみ、そこを表現の場にしてしまう。綻びを敏感に感知する、すばらしい感性を持っている。

新たなキュレーターは場と機会をつくる

——アーティストのやろうとしていることを社会や行政に対して翻訳するキュレーターの役割も変化していますか？

僕は伴走者として、アーティストによってホワイトキューブから引っぱり出されたのだと思っています。都市の中で、アーティストが新しい何かをやるための環境を整備することが僕の仕事になっています。僕の仕事は、先を行くアーティストがつくってくれているという感覚ですね。

——予算を持ってきたり、根回しして許認可を取り付けたりするには専門的な知識とノウハウが必要です。

そうだね。さらにそれを可視化し、理論化するために社会学者の導入を図ったり、デジタルコンテンツとしてアーカイブするためにプログラマーとつなげたり、まだ大学などの研究機関に入る前の領域や人材を動けるような状況にもっていったり。それらを「わたしたち」の感覚で巻き込んで、その構造の中で個人が自己実現していけるような、そういう場や機会をつくっていくような人材が必要です。

——それもキュレーターの職業なんですかね。ずいぶんと職能が拡大している気がします。

正統派からしたらかなり型崩れしたキュレーティング姿勢なのは、承知の上です。今、自分は、キュレーティングに関わる新たなメンバーによる座組が必要ではないかと考え始めています。それは専門分野や表現の言語が違った人々を自然に出会わせるような場の設定です。そういった現場を用意することで、おのずと状況がつくられていくことを期待しています。

たとえば新しいタイプの工房をつくることだったり、馬場さんも参加してくれている「ダンチ・イノベーターズ」のような実践的なタスクフォースをつくっていくことであったりします。

各分野のフロントラインは、さまざまな仮説を持って動いていますが、明らかに次の何かをつくろうと意識的な人間たちでの座組です。これまでにない人の集まりの場や機会をつくることが大切だし、そのキャスティングにワクワクするわけです。

おのずと全体の中で、自分が果たせる役割はこういうことだと自覚してそれにコミットできる能力のある人がプロジェクト進めていることに気がつきます。彼らはいつの間にか仲間になり、「わたしたち」という感覚で、さまざまな専門性を持ち寄ってプロジェクトを進めるようになっていく。そのうえで互いに共鳴し、新しい部分を開いていく感覚です。

「わたしたち」という感覚と社会関係資本

——確かに、若い世代には本能的に「わたしたち」という感覚を掴んでいる人が多いような気がしますね。それをどうポジティブに使っていくのかを自然に考えている。

こういう「わたしたち」という感覚は、「社会関係資本（ソーシャル・キャピタル)」*という概念と関わっています。社会関係資本については、『ソーシャル・キャピタル』(ナン・リン著、ミネルヴァ書房)という本に紹介されています。

「あなたとわたし」の固有論で関係性をとろうとする人とのおつきあいはダイナミックじゃない気がしています。場合によっては、プロジェクトの現場がぎくしゃくする感覚があります。社会関係資本という概念を共有している人とは関係が取り結びやすく流動性の高い動きがとりやすい。こうしたさまざまな活動に対してストレスを感じることなく、仲間感覚、すなわち「わたしたち」の感覚を持ちやすい。専門分野が違っても、そこを共通感覚として関係をつくっていきやすい。

だから僕は、この概念を感覚的にでもわかっている人々との座組を大切にしています。言語で理解している人も、体感的に理解している人もいますし、アートとは関係ない人もいます。

答えのわかっているわけじゃない先端を動かすオルタナティブな表現を求めているからなのですが、わたしとあなたとの出会いを楽しみ、すぐに物的な事象=「モノ」に行かず、新しい関係性の存在に気がつかなければ、新しいプロジェクトは生まれないと思うのです。社会関係資本という概念が示す、関係性のとり方とその重要性を頭に入れてから動きだすと、初動からいろいろうまくいくような気がしています。

僕が取り組みたいのは、「わたしたち」という言葉がないがしろにされないプロジェクト、「わたしたち」の欲求が満たされるプロジェクトです。

愛がある仲間感が強い関係性と、お金だけがある関係性の違いは、承認のされ方に深く関わっています。どういう関係性における事象なのか。その違いは大切。

ムラ社会的にみんなが似たような属性の中で生きていればいいけれど、流動性が高まっている現在、属性だけでは関係性が成立しない。関係性はその都度つくっていかなければならない。

その新しい関係性を積極的につくることを意図的にやっているのが北澤潤で、いつしか彼の作品は日常の関係性の中に還元されていってしまう。しかし、それこそが彼の望む作品の最終形のはずです。

——僕が北澤潤の作品に興味を持って、この本で紹介したのは、まさにそこだったような気がします。作品が新たなパブリックスペースのつくりかたを示す方法論になっている。

最初は北澤くんの属人的な才能やキャラクターで作品が立ち上がる。それはアーティストにしかできないことだけれど、それを受け取った人々が勝手に解釈し、拡張し、悪ノリしながら、いつの間にか自分たちの空間にしている。そのプロセスに北澤潤は不可欠だけれど、その結果には潔く存在している必要はない。そのときアートは本来の意味でパブリックに手渡されている。

パブリックアートは、何らかのオブジェが置かれている状況を脱して、使い手が空間の可能性や、自分たちの新しい関係性に気がついたり、構築したりするきっかけになっている。

社会関係資本という概念を借りて説明すれば、そこでつくられた場や関係性は社会共有の資本になっているわけですね。

＊社会関係資本：人と人とのつながり（関係）を資源（資本）と捉え、厳格な上下関係（ヒエラルキー）よりも、フラットな関係で生みだされる協働によって社会の効率性も高められるという考え方。共同体や社会における人々の協調や信頼関係のことを指す。

森司（もり・つかさ）

1960年生まれ。公益財団法人東京都歴史文化財団 東京文化発信プロジェクト室 地域文化交流推進担当課長／東京アートポイント計画ディレクター。1990年にオープンした水戸芸術館の開館準備に関わり、現代美術センター学芸員としてクリスト・アンド・ジャンヌ＝クロード、川俣正、椿昇、日比野克彦、宮島達男らの個展やカフェ・イン・水戸ほか複数のグループ展を企画する。2009年4月より現職。東京都内でNPO等と協働したアートプロジェクトの実施と人材育成プログラム「TARL」の監修を手がける。2011年より「東京都による芸術文化を活用した被災地支援事業」プログラムディレクターとして、岩手、宮城、福島の3県での事業を担当している。

おわりに

この10年、たくさんのリノベーションを手掛けて気づいたことがある。それは、リノベーションとは単に建築の再生ではなく、価値観の変革であったということだ。

人間を包む空間を変えれば、そこにいる人々の行動や気分も変わる。楽しい空間は人々をハッピーにする。その積み重ねが新しい風景をつくる。空間の変化は社会の変化を喚起するのだ。単純なことだけれど、この本をつくるプロセスで改めて感じることができた。

僕らは政治家ではないから、「公共の概念を変えよう」と声高に言っても説得力がない。建築家をはじめ、空間をつくることを仕事にしている人間ができることは結局、空間や建築で変化を起こし、理想の風景を描くことしかない。

日本はまだ冗長性をちゃんと備え、変化を受け入れる幅を持っている。それはルールや常識が健全に働いている証拠だ。そういう意味でこの社会を信じている。それが少々硬直しているのなら、自由な発想や行動力で柔らかくすればいい。きっとそれが僕らの役割だ。

いつの時代も社会を変えるのは確信犯的な楽観主義。

「まあ、なんとかなるさ」とプロジェクトを起こし、障害にぶつかっては、修正や突破を繰り返しながら実現させる。始めてみなければ、何も起きない。そんな気分で、公共空間を改めて自分たちのものと捉え、変えていこう。

最後に、2年がかりで出版を実現させてくれた学芸出版社の宮本裕美さん、僕の大雑把な発想に具体的なイメージを与えてくれたOpen Aの大我さやかさん、徹夜で編集作業につきあってくれたOpen Aの塩津友理さん、本当に感謝しています。そしてこの本をつくるにあたって協力してくれた、たくさんの方々、ありがとうございます。

2013年9月

馬場正尊

Special Thanks

清水義次、森司、中村政人、柳正彦、北澤潤、齋藤勇／小林稔／飛田和俊明（渋谷区役所）、西村浩／田村柚香里（ワークヴィジョンズ）、太田浩史、佐久川結、千島土地株式会社、松本拓（北浜水辺協議会）、岩本唯史／山崎博史／井出玄一（BOAT PEOPLE Association）、京都国際マンガミュージアム、武雄市図書館、千代田区立千代田図書館、くまもと森都心プラザ図書館、花井裕一郎、羽原康恵（取手アートプロジェクト）、ゆかい、黒田隆明（日経BP社）、安田洋平（Antenna）、今村謙人、犬童伸浩、福井亜啓

写真クレジット

PIXTA：p.26-27、50-51、88、146
Daici Ano：p.38
Kazutaka Ohashi：p.46-47
株式会社ワークヴィジョンズ：p.54-55
鈴木豊／Tokyo Picnic Club：p.58
千島土地株式会社：p.100-101
松本拓：p.104-105
BOAT PEOPLE Association：p.108、110-111
井出玄一：p.111（左）
3331 Arts Chiyoda：p.137
京都国際マンガミュージアム：p.164-165
ナカサ&パートナーズ：p.168-169
千代田区立千代田図書館：p.171（左）
くまもと森都心プラザ図書館：p.171（右）
花井裕一郎：p.172
取手アートプロジェクト：p.184
Yuji Ito：p.189（右下）、197、200
ゆかい：p.192（初出：『団地に住もう！東京R不動産』日経BP社）
©Christo, 1991：p.199（上）
©Christo, 1991, photo by Wolfgang Volz：p.199（下）

イラスト

大我さやか（Open A）

馬場正尊（ばば・まさたか）

建築家／Open A 代表／東京R不動産ディレクター／東北芸術工科大学准教授。1968年佐賀県生まれ。94年早稲田大学大学院建築学科修了後、博報堂入社。早稲田大学大学院博士課程へ復学、雑誌『A』編集長を務める。2003年建築設計事務所Open Aを設立し、建築設計、都市計画まで幅広く手がけ、ウェブサイト東京R不動産を共同運営する。
近作に「佐賀市柳町歴史地区再生プロジェクト」「道頓堀角座」「雨読庵」「観月橋団地再生計画」など。近著に『PUBLIC DESIGN 新しい公共空間のつくりかた』（学芸出版社）、『都市をリノベーション』（NTT出版）など。

RePUBLIC
公共空間のリノベーション

2013年9月15日　初版第1刷発行
2015年5月30日　初版第3刷発行

著者　馬場正尊＋Open A
発行者　前田裕資
発行所　株式会社学芸出版社
京都市下京区木津屋橋通西洞院東入
電話 075-343-0811　〒600-8216

編集　Open A（馬場正尊＋大我さやか＋塩津友理）
デザイン　ASYL（佐藤直樹＋中澤耕平＋徳永明子）

印刷　オスカーヤマト印刷
製本　新生製本

©Masataka Baba, Open A 2013　Printed in Japan
ISBN 978-4-7615-1332-0

JCOPY 【(社)出版者著作権管理機構委託出版物】
本書の無断複写（電子化を含む）は著作権法上での例外を除き禁じられています。複写される場合は、そのつど事前に、(社)出版者著作権管理機構（電話 03-3513-6969、FAX 03-3513-6979、e-mail: info@jcopy.or.jp）の許諾を得てください。
また本書を代行業者等の第三者に依頼してスキャンやデジタル化することは、たとえ個人や家庭内での利用でも著作権法違反です。